本书田野调查过程中，中华门东大片明清民居又被夷为瓦砾，以至我们来不及为它留下身影……

我们怀念那温情依依的古街坊古民居，那是我们城市的血脉；我们珍惜并且总结前人智慧，那是为了构建适合人居的和谐家园；我们反对功利性的拆建改建，那是为了留住历史和文化。愿我们的振臂呐喊能引起当权者、当事者和市民的心头一颤！

* “985工程”“科技伦理与艺术”
哲学社会科学创新基地项目
* 南京市文联签约作品

江南建筑雕饰艺术

南京卷

主　　编：长　北
撰文、配图：长　北
摄　　影：徐振欧
版式设计：长　北
　　　　　徐振欧

东南大学出版社
·南京·

图书在版编目(CIP)数据

江南建筑雕饰艺术·南京卷/长北主编.—南京：东南大学出版社,2009.6

ISBN 978-7-5641-1662-0

Ⅰ.江… Ⅱ.长… Ⅲ.①古建筑—雕塑—建筑艺术—华东地区②古建筑—雕塑—建筑艺术—南京市 Ⅳ.TU-852

中国版本图书馆 CIP 数据核字(2009)第 073763 号

江南建筑雕饰艺术·南京卷

出版发行：东南大学出版社
社　　址：南京四牌楼 2 号　邮编 210096
出 版 人：江　汉
网　　址：http://press.seu.edu.cn
电子邮件：press@seu.edu.cn
经　　销：全国各地新华书店
印　　刷：扬州鑫华印刷有限公司
开　　本：787 mm×1 092 mm　1/16
印　　张：17
字　　数：425 千字
版　　次：2009 年 6 月第 1 版
印　　次：2009 年 6 月第 1 次印刷
书　　号：ISBN 978-7-5641-1662-0
定　　价：138.00 元

本社图书若有印装质量问题，请直接向读者服务部联系。电话(传真)：025-83792328

前　言

中华文明是全世界屈指可数的灿烂文明之一。它那如江海般奔腾澎湃的力量，曾经感染了许多民族，曾经给周边各民族文明乃至世界文明以巨大的影响。迄今为止，中华文明仍然是全世界唯一未遭中断湮没的古老文明。艺术是中华文明史中的明珠。历代留存的艺术品，是中华民族的心灵史，是中华民族形象化了的传记，是中华民族永远的骄傲。然而，历次战争和政治运动，特别是史无前例的"大革文化命"，对本民族有形的和无形的文化遗产进行了一次又一次洗劫；改革开放以后的城市建设热潮，则是对留存于世的建筑艺术遗产的空前浩劫。当人们终于开始认识，古建筑是城市活着的历史、是本民族灿烂文明的见证时，古建筑只剩下了吉光片羽；人们还没有足够认识到，比古建筑的损坏更为可怕的，是民族自信心和文化主体意识的丧失！保护文化遗产的意义，不在于旅游或是怀旧，而在于证明一个民族悠久历史文化的存在，从而增强民族自信心和文化主体意识。一个丧失了民族自信心和文化主体意识的民族，是不可能自强自立于世界之林的。在传统文化迅速流失的当今，保护、发现和重铸传统文化，确立中华文化的主体位置，比任何时候都来得重要和必须。

本世纪元年，笔者为首的课题组接受了《江苏城市传统建筑环境的现状调查和城市文化个性设计》、《江苏古建筑艺术价值和保护研究》两项省级课题，在省民进文化工作委员会和各市、区文化部门的配合之下，前往江苏省南京、扬州、苏州、镇江、徐州、淮安、常熟等七座国家级历史文化名城进行田野调查，写出数万言结题报告，对江苏历史文化名城建筑遗产及其生态环境保护的失误提出批评。此后，课题组对建筑遗产的田野调查逐市展开，课题成果《南京民国建筑艺术》、《扬州建筑雕饰艺术》等先后出版。据此，东南大学出版社刘庆楚先生提出编写江南古代建筑雕饰艺术丛书的构想。我们商量了编写方案，确定了分卷编写人员，开始了全面的田野调查。

“江南”一词，所指地域各个时期不尽相同。唐太宗贞观元年分天下为十道，“江南道”指长江以南自湖南西部至海滨的广袤地区，唐代所指的“江南”，又常常超出长江以南的范围，有时指江淮以南、南岭以北的整个东南地区。明中晚期，江苏南部和扬州延展至浙皖，经济极度繁荣，形成了蔚为大观的士大夫文化体系。光绪间，扬州还被称为“江南扬州府”。现在人们所说的“江南”，仍然是指士大夫文化体系覆盖的江苏南部、江北扬州和浙、皖部分地区。

编写此套丛书的目的，在于抢救文化遗产，呼唤人们重温民族精神，重视和研究本民族自身的文化传统包括建筑传统，真正了解本民族艺术的话语体系，珍视本民族艺术的哲学性格，强化本民族艺术的本土特质。传统建筑及其手工工艺材料取自自然，制作中蕴藏了人的情感，给予紧张生活的人们人情的温暖和精神的慰藉。它使我们重温农耕社会诗意的生活态度，重新回到失落的精神家园。笔者以布道者的虔诚呼唤：强化民族文化的主体意识！修补已遭破损、大量丢失的民族文化精神！创造体现民族精神的新艺术！

笔者研究方向是古代艺术史论，而于民间工艺及其背后的精神文化研究勤苦，成果也丰。建筑是工匠的艺术，理所当然在笔者研究范围之内。笔者切望不同专业背景的学者，从不同角度参与文化遗产的保护和研究，使保护民族文化的优秀遗产成为社会共识。

长　北

2009年春于东南大学

目 录

上 篇

下　篇

上篇

论南京传统建筑雕饰艺术

一般而言，建筑雕饰指的是建筑构件上的雕刻和彩绘。雕饰分割了建筑块面，抵消了建筑给人的重压感，使建筑的色、形、体、点、线、面变化丰富并且充满情趣。同时，雕饰的部位如照壁、仪门、廊、檐、窗、轩等，又往往处于人们的视觉焦点，雕饰意味着强调，意味着吸引人们注目；雕饰更是一种符号，以方便人们识别各有个性的宅第。通过雕饰，直线的六面体为或松或紧、张弛有度的曲线打破，刚性的建筑具有了柔性美，单调刻板化作了动感和生气，主人的价值观念、时代的审美趣味、风俗习惯、伦理道德、宗教信仰等等，也就在雕饰中传递了出来。古建筑及其雕饰，让我们读出了前人的生活方式，读出了前人的生活智慧。

而从本质上说，造型、色彩、图案是一切视觉艺术形成美感的要素，建筑作为空间艺术，造型和色彩是比图案更为重要的装饰。脱离建筑空间、建筑造型和建筑色彩谈论建筑雕饰，就像脱离一个人的整体气质，而仅仅从眉、眼、鼻、嘴去品藻人物。因此，本书所指的建筑雕饰，是广义的；围绕本书所进行的南京古代建筑雕饰田野调查，其实是一次比一般古代建筑田野调查更为深入的各访记录。

南京是国务院首批公布的24座历史文化名城之一。作为十朝故都，它文化积淀深厚，山川形势又极为大气。“钟山龙蟠，石头虎踞”（[晋]张勃《吴录》记诸葛亮语），“江南佳丽地，金陵帝王州”（[南齐]谢朓《入朝曲》），历代文人对南京多有咏叹。截至2007年底，南京有国家级文物保护单位27处83个点，省级文物保护单位99处109个点，市级文物保护单位258处273个点，区、县级文物资源点273处，加上未定级的文物资源点，共计2029处之多。其中，古建筑298处[1]。

1　资料来源：南京大学文化与自然遗产研究所普查，2007年底。

插图1　古建筑雕刻技法—缠柱云龙剔地起突示意图（选自［宋］李诫《营造法式》）

插图2　古建筑雕刻技法—望柱压地隐起示意图（选自［宋］李诫《营造法式》）

一、南京古建筑的艺术特色

归纳南京古建筑的艺术特色，当以南京明清民用建筑为主要研究对象，明清街巷和尚存民居是南京原住居民生活方式和生活智慧的历史见证，是南京作为古城活着的历史。会馆、祠堂、书院、府衙等古代建筑，则是古代民居的精致化、扩大化。如果说南京明清民用建筑虽有商贾文化和士大夫文化的渗入，总体仍然是江南平民本色；南京园林则集中代表了江南士大夫文化；而南京殿式建筑代表的是封建社会后期皇家建筑样式；寺庙又是宫殿、园林和民居艺术的混合。

总体说来，南京明清民用建筑受徽派建筑影响。中晚明以来，徽商足迹遍于江南；晚清，太平天国自皖入苏；清代，湘淮水军自安徽攻陷南京。徽州人一次次大规模地进入南京，也将徽派建筑样式一次次带入了南京。经过自身文化的融铸，南京明清建筑空间较苏州、徽州建筑舒朗，雕饰较苏州、徽州建筑简洁，于秀丽中见雄浑，呈现出介乎南方之秀与北方之雄间的建筑风格。南京又是十朝都城，其气度岂是水暖山温的小城苏州、偏于一隅的老城徽州所可比拟，海纳百川，有容乃大，"兼容性"在在可见于南京明清建筑之中。南京明清建筑风格的形成，还与原住居民身份有关。中晚明以来，苏州聚集着的是失意文人，扬州集中的是盐商豪富，南京云集的是平民商贾，所以，苏州大宅门是小家碧玉，扬州大宅门见台阁气象，南京大宅门见平民本色。朱光亚先生说，"明中叶以后直到清末的南京建筑文化不妨用八个字来说明：吴头楚尾，南北辉映。它较明初的正襟危坐多了几份妩媚，较苏州的建筑少了点脂粉，较皖南皖北一带添了几许姿色”[1]，“南北辉映”为的见，而就南京明清建筑的总体特色言，我国各派建筑中多有比南京明清建筑见“姿色”者。以民用建筑为主体的南京明清建筑，高就高在无意与南北建筑一争姿色。它没有中原会馆、闽粤书院的浓妆喧闹，也没有青藏寺庙、两湖祠堂的远人神秘，更少徽州民居与祠堂雕饰的细腻繁富。南京民用建筑是南京人在大世面中几番淘洗过的，藏富而不抖不露，重文而讲内涵品味，布局于开敞中藏幽深，于方正中有开合；造型于秀气中见大气；雕饰精美而不浮华，工细又兼洗练。兼容南北，平民本色，当为南京明清建筑的主流特征。

（一）南京明清民用建筑的艺术特色

老南京城南，明清街坊已经破碎无序，少见扬州古城那样狭长幽深的高墙窄巷，也并非苏州古城那样三步见桥、五步见水，不像常熟小巷舒适明净，也不像徽州深巷马头墙密集。门东、门西的古巷，顺应城墙与河道分布，长长短短，曲曲折折，巷内民居高高低低，进进退退，往往“山重水复疑无路，柳暗花明又一村”；看似无序，于无序中又有某种节律。秦淮河、信府河和上、下浮桥河街的空间布局，集中了苏州、常熟、徽州街巷空间布局的长处：高墙窄巷有之，小桥流水有之，封火墙高大。民居多二至三进，门厅沿街，单层住房沿河或花楼沿河。临河的排窗扩大了视野，沟通了室内外空间的界限，夏日的河风更给沿河居民带来无尽的惬意。明月清辉映照绿波之时，推窗四望，令人有“天地入吾庐”之感。李泽厚说：“美的本质在于自然的人化”[2]，河房的美，不仅在于建筑材料的自然色与大自然的谐调，黑、白、灰、点、线、面间

1　朱光亚：《南京建筑文化析》，《南京文物精华·建筑篇》总论，上海人民美术出版社，2000年版。

2　李泽厚：《美学三书》，安徽文艺出版社，1999年版，第480页。

插图3　古建筑雕刻技法—望柱减地平钑示意图（选自[宋]李诫《营造法式》）

插图4　方式须弥座（选自李允鉌《华夏意匠》）

插图5　椭圆式须弥座式佛像底座
（选自李允鉌《华夏意匠》）

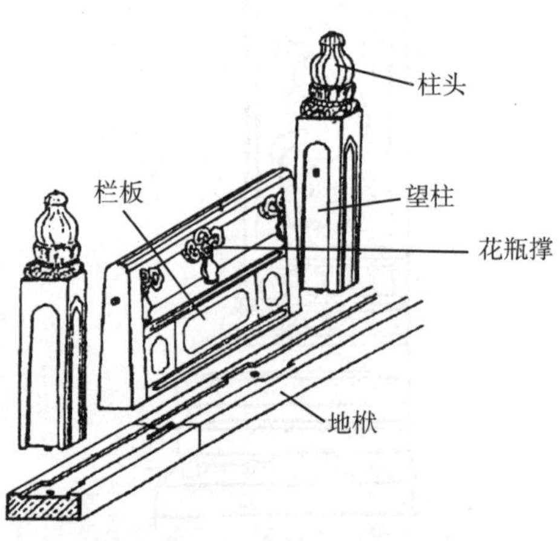

插图6　清式勾阑分件（选自李允鉌《华夏意匠》，标注有笔者添加）

蕴藏的形式规律，更在于它给原住居民带来的自然感、亲和感和家园感。可惜秦淮河畔、信府河畔，老河房已是凤毛麟角，新河房取而代之，上、下浮桥一带河街，局部区段还暂时保留着原生态。而在边远的高淳老街，南京明清街坊的原生态得以原汁原味地保存。高淳老街的种种妙处，笔者将在各访篇内详细叙述。

人们惯以“青砖小瓦马头墙，回廊挂落格扇窗”形容江南古民居的共性，其实，共性之中，各地古民居各有个性。对江南明清民居作一番整体梳理，不难发现徽派建筑工艺流传江南的两条线索。南线东抵苏州、杭州，北线经南京而达镇江、扬州。南京成为徽派建筑流传扬州、镇江的中转站，由此形成宁、扬、镇三地古民居大致相同的风格：都以北方官式风格与江南民间风格杂糅，清雅健劲，而以南京古民居徽派痕迹最重。其外观朴素，青砖原色，扁砌到顶，青灰丝缝，蝴蝶瓦覆顶，不似苏州民居粉墙黛瓦，黑白相间。马头墙或作独立屏风造型，或呈三山屏风、五山屏风样式，不仅阻挡了隔墙火情，给单调的墙壁带来节律美感，更像一把把巨扇高张于蓝天白云之下，挡住了夏日的炎光，形成了荫凉串风的窄巷，减轻了江南炎夏室内室外的酷热。大宅高墙从下到上略有收分，嵌铁扒锔以加固墙体。大宅门之对街多设磨砖一字或八字须弥座照壁。大门多南向凹入，与两边磨砖鱼鳃墙组合为凹字形或八字形，上设磨砖匾墙，与街坊内青砖高墙混然一色。小型民居有三间两厢的三合院、四合头的四合院、两进对合的对照房，或两面连庑、平面为曲尺形的曲尺房等，大宅则按门厅、轿厅、大厅、花厅、正房为前后次序，布置为多进穿堂式厅房加六间两厢、六间四厢两进对合，甚至左、中、右多路多进按中轴布局，形成数组方正整饬、等级分明、分合自如、内外有别的合院。房屋作三、五、七架梁不等，或前三后五，或前五后七，或七七连进，总取奇数即“天数”。祠堂、书院各进往往地坪步步升高，称之为“步步高”，梁架或多至九架。要言之，南京明清大宅比徽派民居宽敞，朴素，大气，终不及扬州盐商高墙大宅肃穆高深，轩敞雄浑。

入大门，门厅、头道天井是中介空间。仪门是迎接宾客之门，过仪门，才进入内部空间。大厅抬梁式结构与穿斗式结构并用，往往任大梁结构暴露，称“彻上露明造”。卷棚亦即“轩”，有在格扇之内，有在格扇之外副阶之上，有双轩连设，有前后设轩，轩下弯椽数以百计，极为耗料，往往不用杉木而用柏木，以谐音“百福”。轩与弯椽增加了厅堂雅致含蓄的韵味。水磨方砖合缝，铺作厅堂和堂屋地坪，地坪下用瓦钵支平架空，以防潮湿并使行走无声。地坪拼成之后，砖面用生桐油反复搓擦，使砖吃油透彻，不沾灰尘。各进住房六面钉以木板，保暖，隔音性能良好。两房门朝向堂屋作对子房门，不似皖南民居房门开在过厢。住房以二房一堂屋面阔三间为基本单元，有的次间旁又藏梢间，作“明三暗四”或“明三暗五”样式，称“套房”，用作书房、闺房或密室。其前小天井栽花点石，清幽恬静。堂屋后壁开腰门，兼作通道。各进腰门打开，从前到后一眼望去，令人有“侯门深深深似海”之感，不似浙南民居合院面阔能铺开九间，开敞透风而无幽深。各路房屋间设火巷，以防火并串风。火巷内有如苏州加设封闭的上盖，有如扬州不加上盖，仅于两对门上方加设上盖——旧称“瓦卷”，火巷墙根花砖镂雕风洞，使地坪之下串风，以防地板潮湿腐烂。主人从各进堂屋腰门进出，佣仆从火巷、耳门和后门出入。后进住房多作两层，有的前后两进绕天井呈串楼相通，称“跑马楼”。楼梯有在厢房，有在楼厅屏门之后。花园自成私密性极好的小院，书房或居于花园一角，厨房、柴房在宅之东北。佣仆居住的下房在仪门之外，使与主人生活区隔离。这样的居所，“结庐在人境，而无车马喧”，夏日，清风徐来，各室阴凉；冬季，朔风不入，阳光满

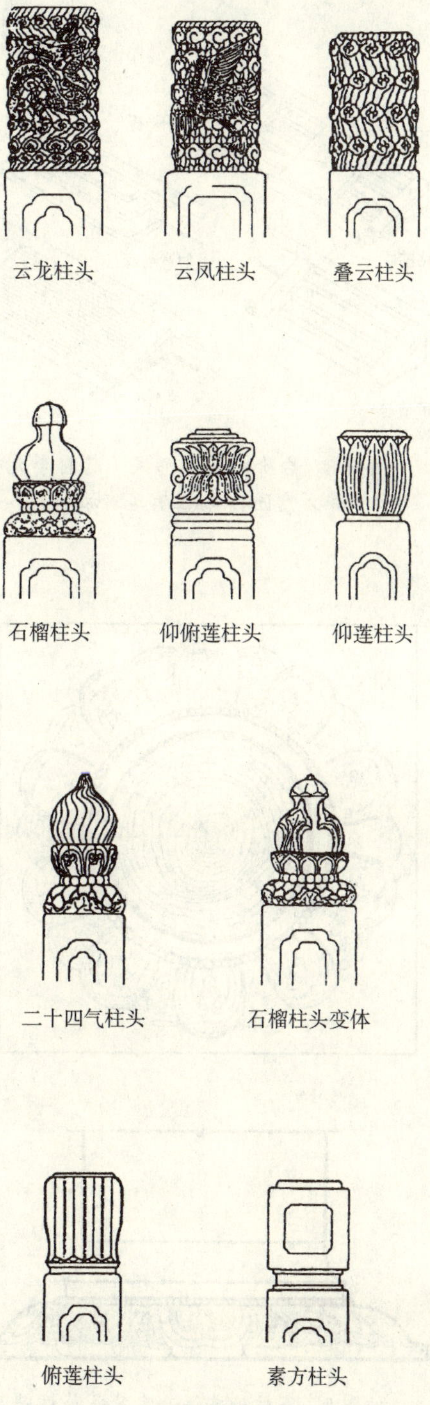

插图7　清式石栏杆望柱
（选自李允鉌《华夏意匠》）

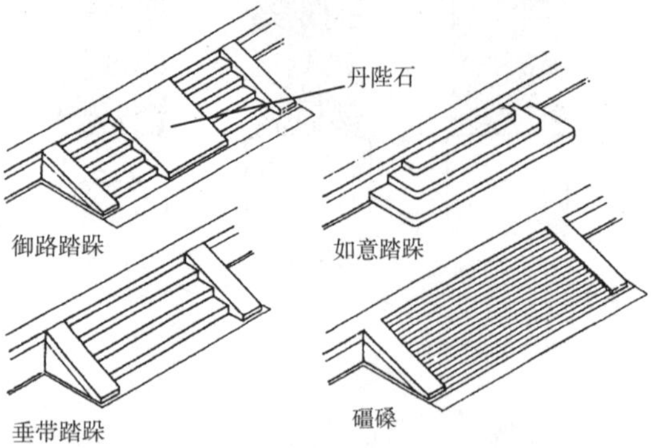

插图 8　台阶的几种形式（选自李允鉌《华夏意匠》，标注有笔者添加）

插图 9　石柱础举隅—宝装莲花柱础（引自梁思成《营造法式注释》）

院：宜深居，宜颐养，宜静读。先人的生活智慧，着实令今人艳羡！

（二）南京明清园林的艺术特色

晚明至清，江南文人园林艺术登峰造极，苏州、扬州、南京、杭州等地，成为我国私家园林最为集中和发达的地区。

明清江南园林处处表现出南方士子细致的生活追求、深厚的艺术修养和天人合一的宇宙观。欣赏江南园林，不是看一座孤立的建筑，也不是看一片有限的风景，而是看象外之象、景外之景，看天人相融的意境。它往往采取分景、隔景、借景等手法，虚中有实，实中有虚，大小不一、景色各异的庭院有时串联，有时并列，有时相套，空间时收时放，旷奥交替，使人如游万花筒中。屋角一壁粉墙、几杆新篁，一块湖石、一株老树，顿成小景，粉墙成为小景的背景，小景则成为白底的画面。烟岚秀润、绿荫映波、花草遍地的自然环境，造就了江南园林建筑色彩的单纯。明清江南园林给皇家园林和北方园林以巨大影响，成为我国园林史上的光辉典范。

明清江南园林又各自巧借天然形势，熔铸出自身特色：苏州园林精巧如扇面，扬州园林巧借河道点缀天然，镇江园林得江山之壮阔，无锡园林得太湖之淡远，杭州园林得西湖之烟波，南京园林则见发自十朝古都文化积淀的开敞大气。晚清人有一段话颇堪玩味，"江宁滨临大江，气象开阔宏丽，北城林麓幽秀，古迹尤多。苏州则以平远胜，所谓山软水温也。太湖诸山非不倩美，而溪径率不深。惟杭州之西湖，则烟波岩壑兼而有之，里山尤深邃曲折，四时皆宜，金陵、姑苏不能不俯首矣！扬州则全以园林亭榭擅场，虽皆由人工，而匠心灵构，城北七八里夹岸楼舫无一同者，非乾隆六十年物力人才所萃，未易办也"（[清]欧阳兆熊、金安清《水窗春呓·卷下·广陵名胜》）。

可见江南园林的个性，明清已十分鲜明，今人宜予强化，不可仿效至于趋同。

南京明清私家园林没有皇家园林的繁缛，而有皇家园林的开敞大气；没有苏州私家园林的寒俭，而有苏州私家园林的雅致。方正的庭院式小园，有别于苏州园林常见局促的空间布局，有别于苏州幽深藏密的不规则园林。风格的差异固然因为其地相异，更因为南京明清私园虽有文人意匠的渗入，园主却多非文人而多为达官贵胄；苏州私园园主则多退隐不得志的文人。南京明清私园中，论建筑的轩昂、空间的变化、叠石的精巧，均以瞻园为最；莫愁湖园中有园，以大套小，大园萧疏自然，小园精巧变化，自成纤秀特色；煦园空间布置虽少变化，却因政治风云的映照和建筑景观的丰富而游人云集；白鹭洲公园空间布置过于松散。

公共园林是近现代产物，因散落园中的古迹平添了历史的韵味。燕子矶得大江之助；玄武湖得钟山为屏、古城墙为带，非人力所能仿效一二；雨花台陵园兼高峡平湖、密林修篁、田园风光、幽谷叠瀑与中式小园于一身，既有旷远宏大，又有曲径幽深，其境界之宏大，为古代私园不能望其项背；钟山风景区更是万杆林木，郁郁葱葱，吞云吐雾，气象万千。那是自然和人工、历史和现实交融而成的华章，理所当然成为今天南京形象的象征、海内外宾朋畅游南京的首选。对现代公共园林的评价，已经溢出本书议题之外，本书点到即打住。

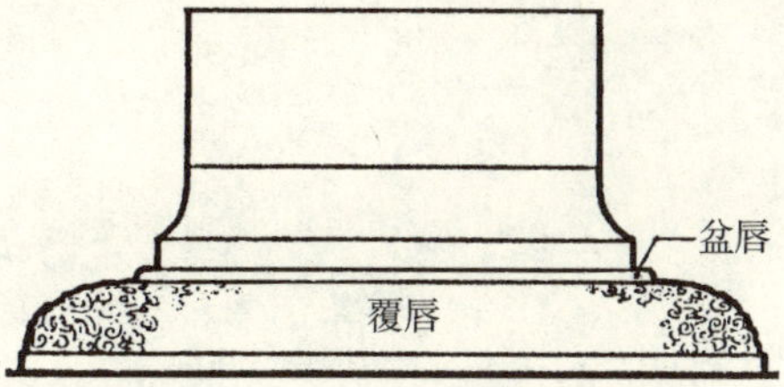

插图 10　石柱础举隅—覆盆柱础
（引自梁思成《营造法式注释》）

插图 11　石柱础举隅—仰覆莲花柱础
（引自梁思成《〈营造法式〉注释》）

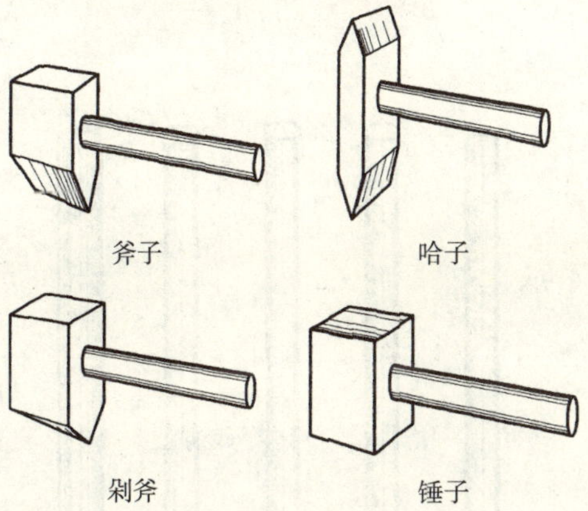

插图 12　石雕工具示意图（绘图：尤真）

（三）南京明清殿式建筑的艺术特色

明故宫和明孝陵是南京古代殿式建筑的辉煌华章。明故宫作为朱棣迁都前的三朝皇宫，成为北京故宫的营造蓝本，千步廊、金水桥甚至宫门、殿宇的名称都为北京故宫所效仿，古镜柱础也随永乐迁都进入北京，成为北京故宫和以后中国殿式建筑的柱础模式。今天明故宫宏大的建筑遗址，仍然可见南京殿式建筑的王者气度。明孝陵改前朝覆斗形"方上"为圆丘形宝顶，开创了与东陵共用神道、神道折向、建筑群前方后圆和建明楼的先例，其宏大而有序的建筑布局和建筑形制，成为明清皇陵效法的典范。

前已有言，明清寺庙形成了以殿式建筑为中轴，以园林、经堂等为偏院的建筑模式，从大报恩寺的琉璃门、琉璃龙吻，可见南京皇家寺庙的辉煌气象。而橘生淮南为橘，生于淮北则为枳，南北相异的水土，使南北殿式建筑必然经过地方文化的改造和融铸，朝天宫高高翘起的飞檐，就向人们传递了南京殿式建筑王者气度之外深藏的南方讯息。朱光亚先生说，"同前代相比，明代南京建筑的一个新特点是气度恢宏"，"南京建筑具有前代更为强烈的主流性、有机性、兼容性、创造性。它柔而不屈，刚而不强……明代南京建筑文化作为龙文化的中转站，滋养了其后近六百年的皇家建筑"。这段话，用以归纳南京明初殿式建筑是极为准确的。但是，明初就已经迁都北京，殿式建筑并非南京明清建筑的主流形式。

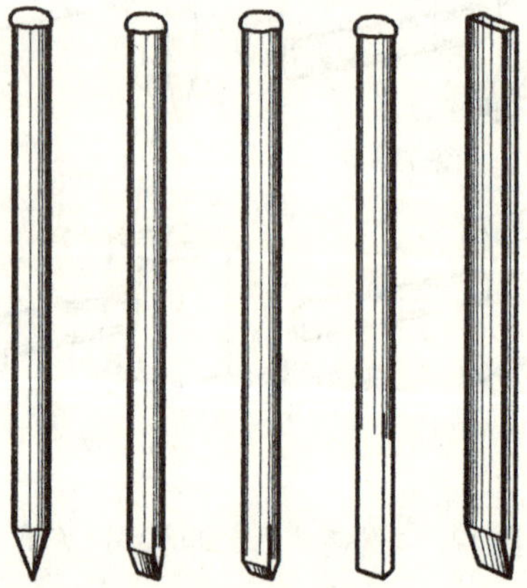

插图13　石雕工具示意图（绘图：尤真）

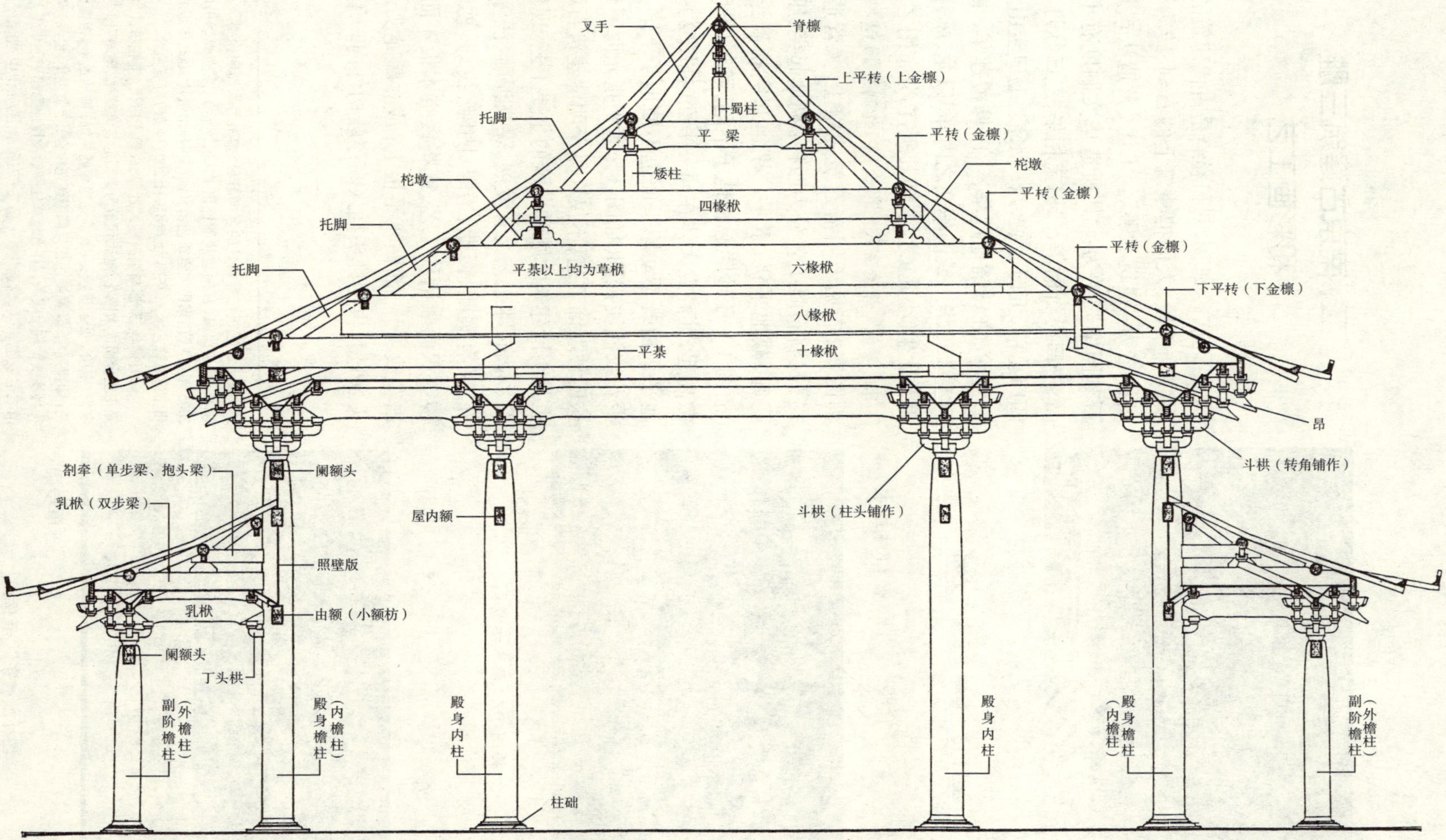

插图 14　大木作结构图（引自梁思成《营造法式注释》，根据普及需要，标注经笔者删、加）

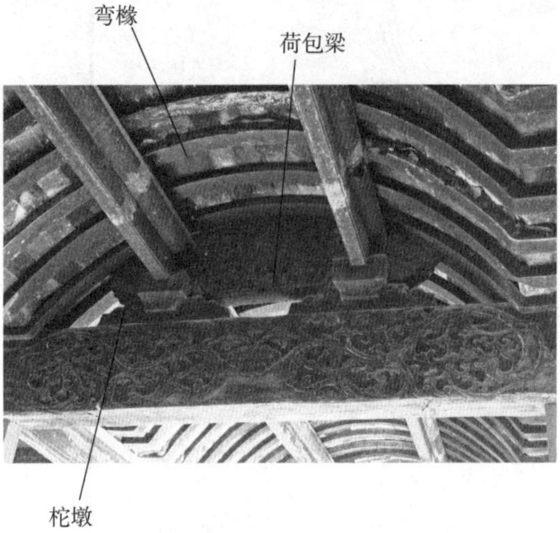

插图 15　卷棚下梁架示意图

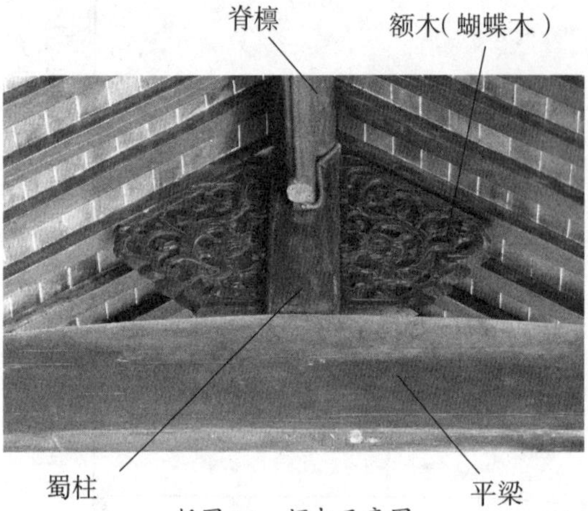

插图 16　额木示意图

插图 17　"穿"示意图

二、南京古建筑三雕和彩画工艺

石刻、砖刻、木刻和彩绘是古代建筑的主要装饰手段，人们把建筑上的石刻、砖刻、木刻称之为"建筑三雕"。宋代《营造法式》将石刻图案归纳为："其所造华文制度有十一品，一曰海石榴华，二曰宝相华，三曰牡丹华，四曰蕙草，五曰云纹，六曰水浪，七曰宝山，八曰宝阶，九曰铺地莲华，十曰仰覆莲华，十一曰宝装莲华。或于华文之内，间以龙、凤、狮、兽及化生(小儿)之类，随其所宜，分布用之。"[1]([宋]李诫《营造法式·卷三·石作制度》)这些石刻图案，广见于明清建筑三雕上。《营造法式》又将石雕工艺分为四种：剔地起突、压地隐起、减地平钑、素平。剔地起突指高浮雕(插图 1)；压地隐起指地子下陷，雕刻母题微微高起，其高点大体在同一平面(插图 2)；减地平钑指既不动原平面也不使地子下陷，仅沿花纹浅浅铲刻(插图 3)；素平指光面不刻。这四种雕饰工艺，不仅广见于明清建筑石雕，也是明清建筑木雕和砖雕的主要工艺。现代，石、木、砖雕工艺又有发展，除高浮雕、浅浮雕外，又有圆雕、镂雕、透雕、阴雕、线刻、錾地、镂空双面雕诸种工艺，或将镂空木板一面雕出花纹，另一面贴于平板上；或立雕龙头、凤头、凤翅，再用榫头插入高浮雕构件内。用模

1　关于古建筑三雕构件的名词解释，本书力求简明扼要。有兴趣者，可与拙编《江南建筑雕饰艺术·徽州卷》(东南大学出版社 2005 年版)、《南京民国建筑艺术》(江苏科技出版社 2000 年版)、《扬州建筑雕饰艺术》(东南大学出版社 2001 年版)对照参看。

海石榴华，其形与缠枝莲纹近似，成熟于唐代；宝相华，以牡丹等花组合而成大圆花，是唐代最为典型的装饰纹样；蕙草，即卷草；宝山、宝阶，见于丹陛石、云锦龙袍等的装饰；铺地莲华，指覆瓣莲花；仰覆莲华，以覆瓣莲花与仰瓣莲花组合；宝装莲华，沿浅浮雕莲花再浅浅铲刻出线条，"亦有施减地平钑及压地隐起于莲华瓣上者，谓之宝装莲华"(《营造法式·卷三·石作制度》)；化生，指童子。

插图 18 雀替示意图

插图 19 撑栱示意图

插图 20 梁托示意图

具雕刻的石雕、用电子控制刻出粗坯的砖雕以及根本不刻压模制成的“木雕”多了起来。这是信息社会如飞节奏的必然。

（一）石 雕

古代石雕多见于城楼、宝塔和殿式建筑的台基，各类建筑大门两侧的石狮，民用建筑的地栿、门砧石、石抱鼓、柱础和门前屋后拴马桩，路口或建筑入口的石牌坊，帝王陵墓的神道石刻，寺庙中的石塔以及桥梁等等。石台基多砌筑并雕刻作须弥座式样（插图 4、5），殿式建筑的台基，高阔者称“露台”，或称“月台”，四周围以石栏，或称“勾阑”（插图 6、7），露台四面设台阶，或称“踏跺”、“踏道”，一排称“单出陛”，三排称“三出陛”，御路踏跺间斜置的石板往往雕刻精美，称“丹陛石”（插图 8）。地栿是建筑的石墙基，如横于地面之梁栿，故称“地栿”。门砧石是承大门转轴的块状石，或称“门枕石”，江南民间，民居大门左右的雕花方石也称作“门枕石”。抱鼓石是古代祠堂、民居大门左右或桥梁两端栏杆旁所设的石礅，以保护门、桥不受强力碰撞，同时避免门与地、桥与地直角交接形成的冲撞，使刚性的建筑有柔和韵味，渐渐形成底座上置石鼓的程式。江南抱鼓石造型往往简洁，与北方抱鼓石大鼓下有小鼓、大鼓上又蹲石兽的复杂造型有异。石柱础是承托柱子的石础露出地面的部分，有方、圆、六角、八角之制，圆柱础又有古镜、鼓礅、覆盆、仰覆莲花、宝装莲花多种，清代更发展有宝鼎、须弥座诸式（插图 9~11）。牌坊是有冲天柱有横梁没有屋顶下可通行的标志性建筑，有屋顶则称“牌楼”，民间往往统谓之牌坊。汉代始于陵前开神道置石兽，逐步形成了陵前神道两旁各置石望柱、龟趺碑、石翁仲与石兽的程式。

南京皇家建筑的石雕，工程浩大令人惊叹，明故宫、明孝陵石雕是南京建筑石雕

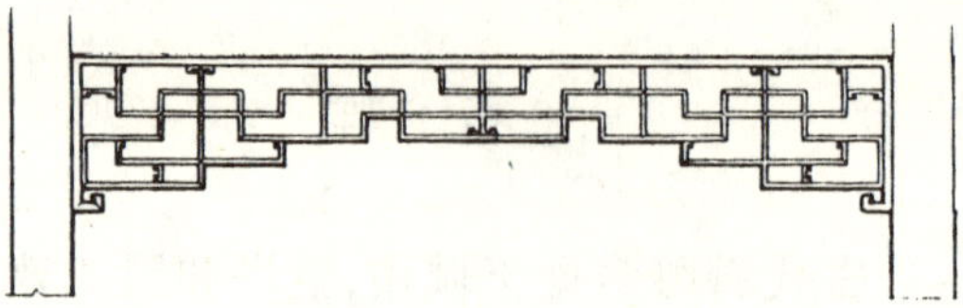

插图 21　挂落示意图
（引自姚承祖《营造法原》）

插图 22　花牙示意图
（引自姚承祖《营造法原》）

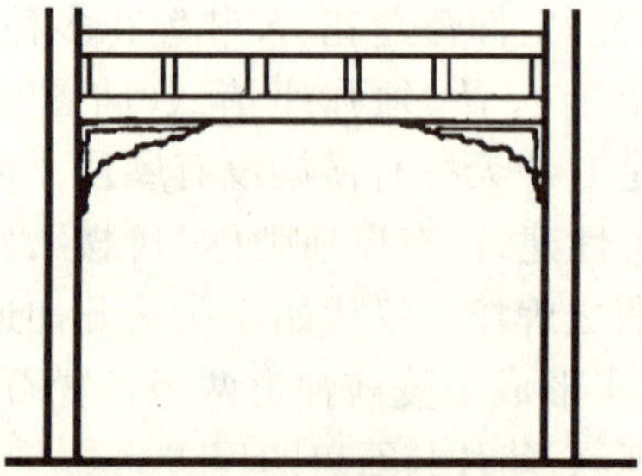

插图 23　花罩示意图—几腿罩
（引自李允鉌《华夏意匠》）

的辉煌华章：那一个个石雕螭首，每一块肌肉都充满着弹力和张力；四方城前丹陛石雕刻，圆活生动，工细华美，是南京地区雕刻水平最高的丹陛石。南京老城内明清民用建筑所用石材，不及徽州明清民用建筑所用石材为多，除天井内青石铺地外，少见石地栿，未见石柱、石漏窗。如府衙、祠堂、会馆和民居，大门左右或置石狮，或置石抱鼓，或置方形门砧石。明初南京流行古镜式柱础，清代，南京石柱础样式增多，民居石柱础则多作鼓磴式。一个有趣的现象是，江宁与高淳民居使用石材远过南京老城。江宁方山王墅村孙氏宗祠所用石材之多，老城内绝无仅有；江宁淳化乡孙家边古民居石库门、江宁杨柳村朱家大院石库门砌造与雕刻工程之大，令人惊叹。这也许与老城内不产石材，老城外群山环抱、取材方便有关吧。南京明清桥梁上的民间石雕，也应书上一笔：上坊桥桥墩两侧分水石上雕刻的人面龙头、桥身两侧雕刻的螭首早为人关注，而溧水浦塘桥柱顶的雕刻，大体大块，酣畅淋漓，直通汉代石雕之魂，可见艺术的原创力与生命力在民间生生不息。遗憾的是，不少新石雕如瞻园照壁和院墙上的新石雕，雕工拙劣，与建筑空间不相谐和，不过是毁坏山林、浪费石材的劳民伤财之举罢了。

石雕的质材，最佳者为汉白玉，最次者为夹砂石，使用最广者为大青石、黄麻石、白矾石。南京周边及郊县高淳山上石头，是南京石雕的主要材料。石雕的工具是：锤子、各种形状的斧头和各种形状的刀錾、尺以及猪鬃刷等（插图 12、13）。用锯子开出石片，把图稿贴在或是画在石片上，按图稿锯出外形以后，用铁锤敲击錾子、斧子，錾低图像以外的地子，刻出图像主要层次，这一步叫“出坯”；用铁锤敲击形状、大小不一的刀具，进行精细雕刻，这一步是“出细”；刻出花筋翎毛线纹并錾底纹，这一步叫“了手”；用猪鬃刷清理碎石与浮尘。现代石工作石浮雕，多用切片机切片，用手提切割机切割外形；作石圆雕，多用仿形模具，按泥塑大样或石雕原样面面丈量，逐面刻凿。这样的石雕，是复制而不是创造了。蛇皮钻成为现代石雕特别是石镂雕的常用工具。刻成以后，视需要而不必处处磨细磨光。

（二）木　雕

木雕广见于古代建筑的大小木作。

大木作指房屋上一切不可拆卸、起结构作用的木构件，如梁、枋、柱、檩、轩等等（插图 14）。梁指柱上与房屋纵深平行的承重大木，按其形有扁作梁、圆作梁、贡式梁，按其位有单步梁、双步梁、平梁、四椽栿、六椽栿、八椽栿，还有特殊造型的月梁、猫梁、荷包梁等等，暴露在外、未被顶棚遮盖的大梁称“明栿”。枋指柱与柱间起支撑作用、与房屋面阔平行的横材，有大额枋、中额枋、小额枋、平板枋、门头枋等，门头枋又称“阑额”，是古代建筑的装饰重点，民间称厅堂明间檐柱间的横材为“骑门梁”，其实不是梁，而是阑额，是枋。柱子承担着梁和屋顶的重量，有脊柱、金柱（或称“步柱”）、檐柱（或称“廊柱”），垂花门下垂花柱，富有装饰意味，没有承重作用。檩指梁上平行于房屋面阔的承椽圆木，殿式建筑中称“桁”，也称“栋”，有脊檩、金檩、檐檩等。安装脊檩标志着房屋构架的落成，民间俗称“上梁”。我国各地民俗都视“上梁”为关系一家平安吉利的大事，上梁要选“黄道吉日”，梁上要披挂红绸，梁下要燃放鞭炮。轩是江南古建筑厅堂内前檐或后檐下的顶棚，起降低室内层高、使内屋顶变化丰富的作用，因其形有船篷轩、鹤颈轩、茶壶档轩、一枝香轩等，视觉效果不像天花倒像屋顶，内屋顶局部被望砖和椽子包成了圆弧形，民间俗称其为“卷棚”，与不起脊的圆弧状外屋顶“卷棚顶”不是一个概念（插图 15）。此外，明清陵寝、坛庙、宫苑前的棂星

插图 24　花罩示意图—落地花罩
（引自李允鉌《华夏意匠》）

插图 25　花罩示意图—栏杆罩
（引自李允鉌《华夏意匠》）

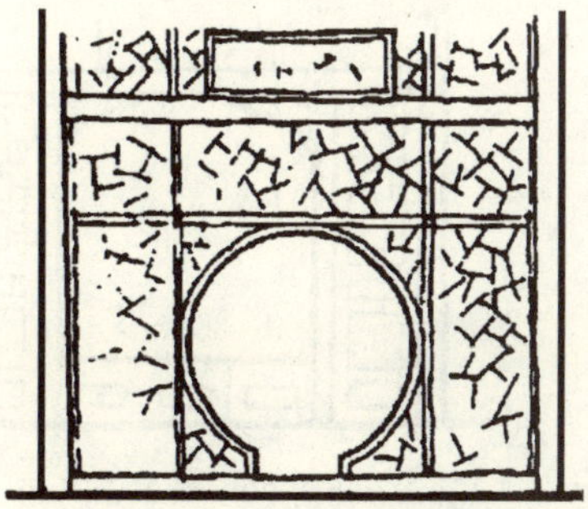

插图 26　花罩示意图—圆光罩
（引自李允鉌《华夏意匠》）

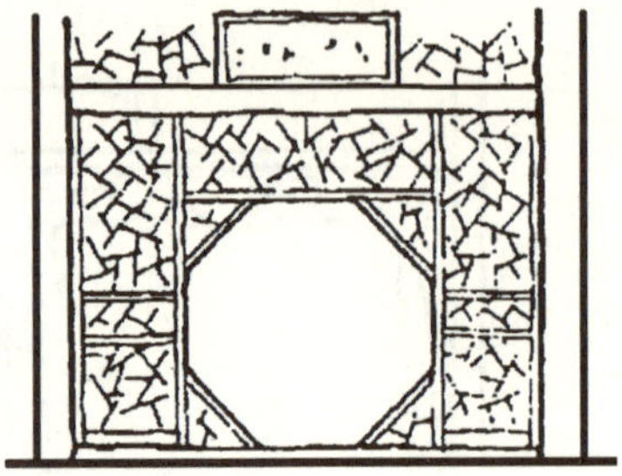

插图 27　花罩示意图—八角罩
（引自李允鉌《华夏意匠》）

插图 28　花罩示意图—太师壁
（引自李允鉌《华夏意匠》）

插图 29　床罩示意图
（引自李允鉌《华夏意匠》）

门多为木构。汉人祭天时，必先祭灵星，宋代孔庙始立灵星门，示意尊孔如尊天，因其形如窗棂，明清改“灵”为“棂”，称“棂星门”。

为帮助梁、枋、柱、檩承重，又产生了许多富有装饰意味的大木构件，如斗栱、柁墩、蜀柱、角背、平盘斗、穿、额木、雀替、撑栱、梁托等。斗栱由“斗”、“栱”、“昂”组成，“斗”是凿槽的斗形方木，最下方承重的称“大斗”，或称“栌斗”，“栱”是层层出挑的弓形短木，“昂”翘起前伸，起杠杆作用，宋代合称“铺作”，苏南合称“牌科”，有柱头牌科、平身牌科、角科，有外檐斗栱、内檐斗栱、叉栱。斗栱将屋顶的重量层层传递到梁、枋、柱，使屋檐与其下木构柔和过渡。枫栱则是斗栱左右衍生出的镂雕木构件，其形像乌纱帽之两翅，其厅因名“纱帽厅”。柁墩是两梁间支垫的宽木，其形略似骆驼之双峰者，俗呼“驼峰”。蜀柱是梁上的短柱，因其短小，又称“童柱”、“侏儒柱”，瓜形者称“瓜柱”，正对屋脊者称“脊瓜柱”。南京古建筑脊檩两侧平梁之上蜀柱两侧，很少见叉手、角背等支撑构件，而多见额木。额木是屋盖下卡住脊檩的木构，因其形如蝴蝶双翅，又称“蝴蝶木”。平盘斗是承托蜀柱的木构，多雕作荷花、花盆、云朵之属，俗谓“荷墩”。“穿”是瓜柱与立柱间、瓜柱与瓜柱间拱曲的联络构件，“穿”又演变出大幅拱曲、有头、有眼、有尾的“猫梁”。雀替从梁、枋、檩下的长条替木演变而来，像两翼展开于柱子两侧，起支撑枋、柱与装饰的作用，又称“角替”。撑栱是枋与柱子间起支撑作用的斜木，明代渐有壮硕造型，江浙民间称“牛腿”。梁托是梁下的木托架，呈四分之一圆形，徽式建筑中的“丁头栱”，平斗部分承托梁枋，栱身部分形似雀替，其实正是梁托（见插图 14~20）。

小木作，即古书所称的“装折”，指房屋上一切可拆可卸的轻型木构件，如屏门、挂落、花罩、格扇、碧纱厨、博古架、太师壁、栏杆、美人靠等等。屏门是门厅内的障壁，以遮挡户外人的视线并显等级之礼，太师壁设在大厅明间后金柱间，前设香案、供桌。它们从屏风发展而来，有四扇、六扇或八扇之别，使厅堂空间有遮挡，有间歇。挂落是悬于枋下柱间木棂交搭成的花格，花牙是柱间枋下的三角形镂空木雕构件。花罩是厅堂透空的室内隔断，内门呈圆形称圆光罩，内门呈八角形称八角罩，两端落地称落地罩，两端落地连接栏杆称栏杆罩，两端不落地称飞罩，两端下垂不多略似挂落称挂落飞罩（插图21~29）。博古架供陈列古玩兼作隔断，俗称“多宝架”（插图30）。以上装折，使建筑空间有主有从，虽隔犹通。碧纱厨是厅堂内依托柱子分隔空间的长格扇。格扇有长、短之分，格扇门用长格扇，俗呼“长窗”；槛墙上用短格扇，俗呼“槛窗”。格扇又以抹头（棍料）分割为眉板、格心、腰板、裙板等，眉板、腰板形如绦环，俗呼“绦环板”，腰板与人的视线大致相平，最是古建筑木雕的重点（插图31~32）。支摘窗由支窗和摘窗组成，摘窗固定而支窗往外推出，所以又名“和合窗”，南方民居中使用不多（插图33）。木栏杆中，廊柱间栏杆称护栏，兼作坐槛供人休息者称半栏，带有坐凳的弯曲栏杆称“鹅颈椅”、“美人靠”、“吴王靠”（插图34）。以上装折，模糊了室内外空间的界限，使古人可以安居室内，“纳千顷之汪洋，收四时之烂漫”。

南京明清建筑梁架多圆木直材，比徽州民居曲梁为少，除民居用天花板，天花板上为草架——不加雕刻的梁架外，民用建筑大厅与殿式建筑屋盖下梁架多“彻上露明造”。露明的梁架多施以木雕，本色外露，不髹厚漆，见木材的肌理美和木雕的刀锋美（插图35）。后人修补的厚漆，使木材肌理和雕工趣味大为丢失。厅堂轩下的露明梁架，无论是前设翻轩、前后轩对称或是两重前轩一重后轩，莫不是大木作雕刻的重点。原福建会馆内天妃宫、江宁杨柳村朱家大院、甘熙故居、高淳淳溪镇吴家祠堂的大木作雕刻为出色，

插图30　多宝格示意图
（引自李允鉌《华夏意匠》）

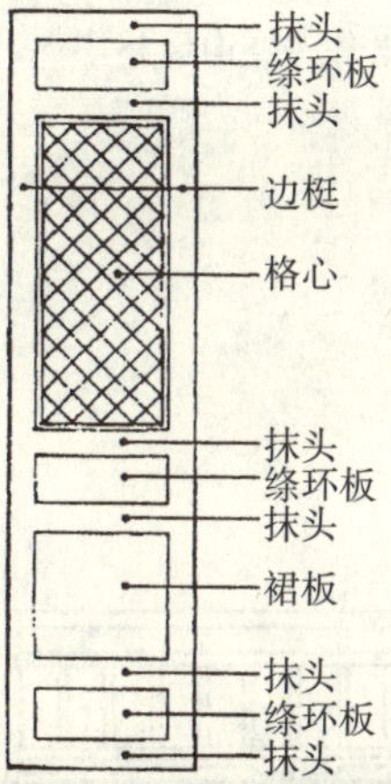

插图31　格扇门构成（引自李允鉌《华夏意匠》，标注有笔者添加）

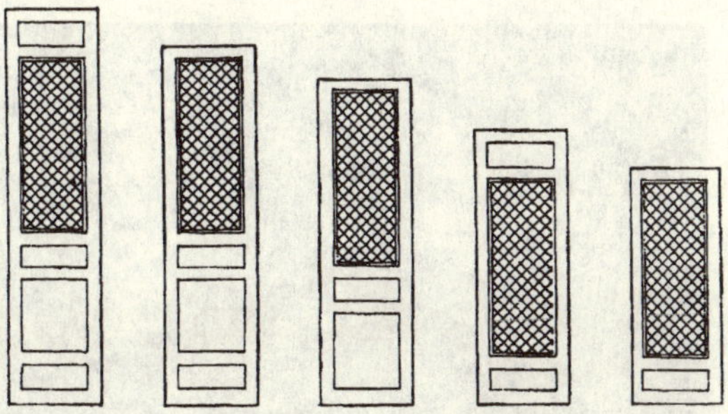

插图32　不同长短的格扇门
（引自李允鉌《华夏意匠》）

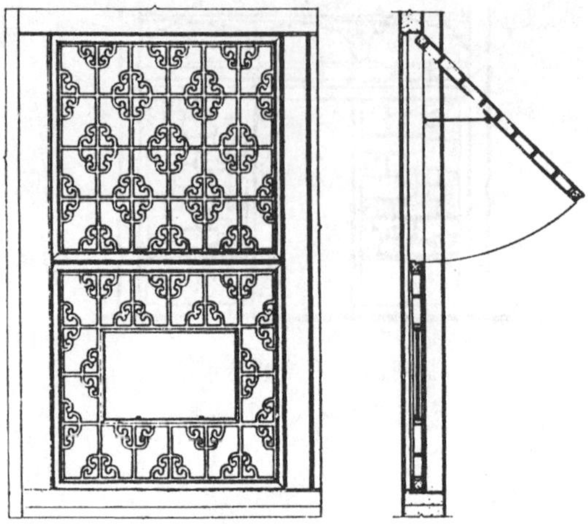

插图 33　和合窗
（选自童隽《江南园林志》）

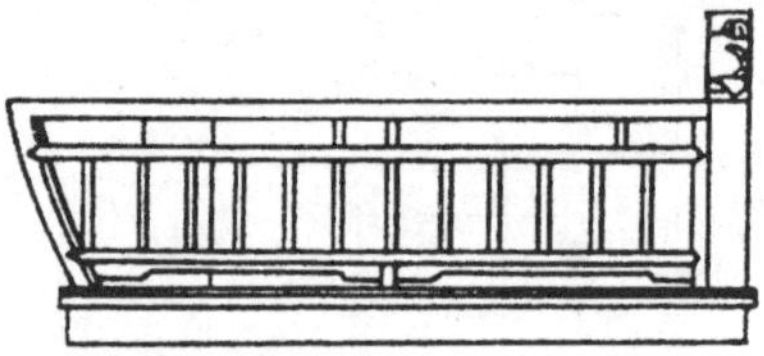

插图 34　美人靠（选自杜仙洲《中国古建筑修缮技术》）

插图 35　彻上露明造

天妃宫卷棚下四面花栱，精彩之至；甘熙故居大厅单步梁、双步梁也精雕细刻。

南京明清民居的小木作装折，雕工多较简朴，组合在一起，就显得雅致宜人，整体大于部分之和。民居挂落多为简洁的套方、“葵式万川”挂落，格扇门格心多图式简练，如“宫式”、“葵式”、“书条式”，少见徽州民居那样复杂的如意、菱花、梅花诸式。而糖坊廊 61 号河房格扇门裙板木雕，层次的丰富，人物、房廊造型的洗练，树石造型的格律美，活脱脱是一幅幅好山水，移地徽州也不逊色；原泾县会馆东路格扇门裙板浮雕山水，画意雕工更称佳绝，可惜仅剩一片；甘熙故居从信府河 119 号河房拆移来的格扇门，雕刻精工而略见繁琐；甘熙故居大厅的圆光罩，空灵剔透，允推为南京花罩之最；钓鱼台 196 号河房屋檐下花板镂雕，缠卷灵活，细致生动，连挂落也镂雕繁缛，亦属少见。

总体说来，南京古民居木雕大都残缺破烂，遗珠恨少，与徽州在在皆见大小木作雕刻的精彩华章是难以相比了。这并不说明古代南京财力上不敌徽州。究其原因，一是深山僻壤商贾富贵还乡与四方通衢显贵藏富不露文化心理有异，二是现代南京开放得早，建设得快，在人们还没有来得及认识保护城市文脉的重要性时，古建筑已快被荡涤一空，大门大宅已是硕果仅存了。

江南大小木作多用硬杂木或质地疏松的杉、榆、柞、楸木、柏木、红松，有用楠木。大小木作雕刻的工具是：墨斗、锯子、钢丝大弓、拉钻、大小线刨、大小花刨、大小平凿、大小圆凿、大小斜凿、大小花凿、大小三角刀、平口刀、斜口刀、大小刮刀、木敲锤、刷子等。把图稿贴在木材上，这一步叫“放样”；如是小木作镂雕，要用钢丝大弓镂出外形，需要镂空处用拉钻打眼，再用钢丝大弓镂除多余的部分，用木锉修整外廓，锉净木板上的锯路，这一步叫“打形”；右手执木敲锤，左手执平凿，将图像以外的地子凿铲低陷，这一步叫“剔地”；

插图 36　大木作做工图（引自王稼句编《三百六十五行图集》）

插图 37　大木作做工图（引自黄时鉴、沙进编著《十九世纪中国市井风情三百六十行》）

插图 38　小木作做工图（引自王稼句编《三百六十五行图集》）

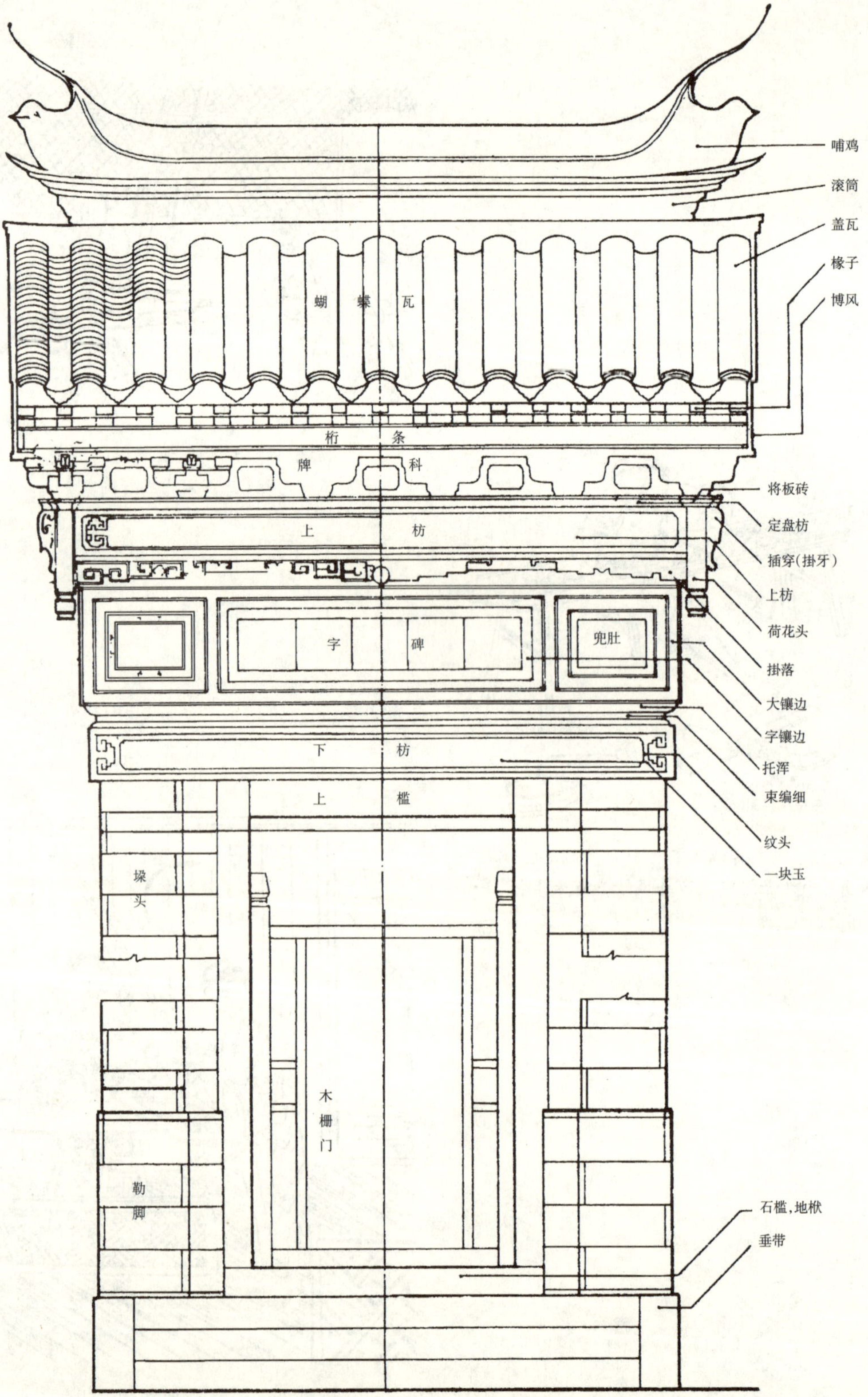

插图 39　苏式牌科砖细门（引自姚承祖《营造法原》，根据普及需要，标注经笔者删、加）

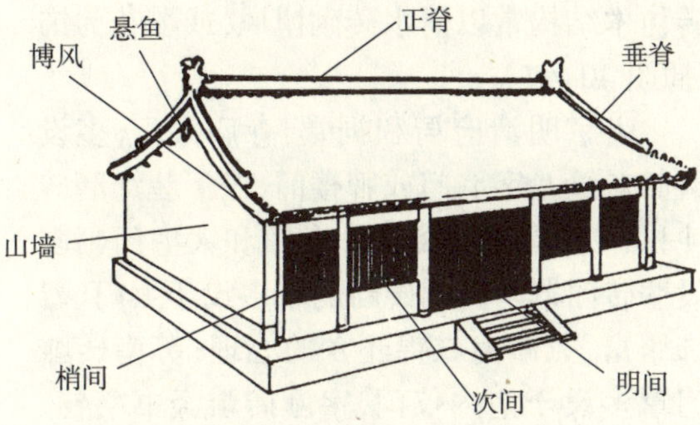

插图 40 古建筑主要屋顶形式——悬山顶（选自李允鉌《华夏意匠》，标注为笔者添加。）

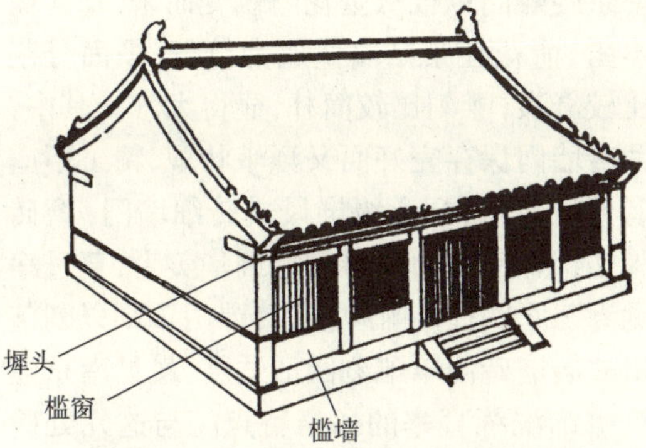

插图 41 古建筑主要屋顶形式——硬山顶（选自李允鉌《华夏意匠》，标注为笔者添加。）

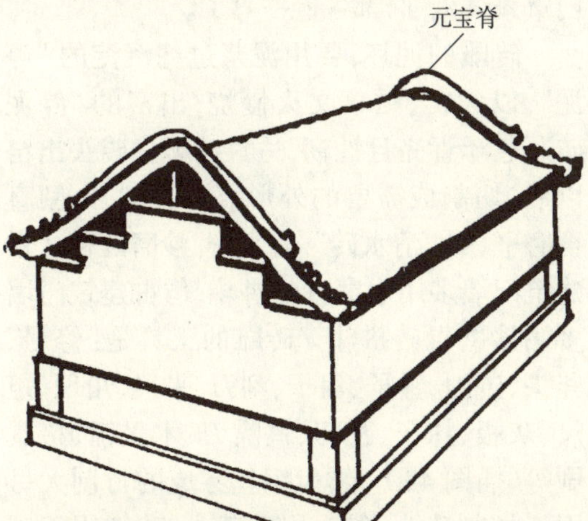

插图 42 古建筑主要屋顶形式——卷棚顶（选自李允鉌《华夏意匠》，标注为笔者添加。）

再执平凿或圆凿，刻削出图像主要层次和大的块面，这一步叫“出坯”；用平口刀、斜口刀等对图像高低层次作精雕细刻，用刮刀细刮使其圆润，这一步叫“出细”；用三角刀阴刻花筋翎毛线纹，这一步叫“开纹”；最后用砂纸磨光（插图 36~38）。

（三）砖 雕

砖雕多见于古代建筑入口的门楼、影壁、福祠、门罩、垂花门和厅堂的屋脊、墀头，寺庙的砖塔等。影壁是大门或仪门对面用以遮挡外宅视线的装饰性短墙，或称“照壁”，古称“树塞门”，朱熹注：“设屏于门，以蔽内外也。”（《四书章句集注》）门楼和门罩都由门头上数重清水砖枋与屋面组成，屋面下或加牌科。门罩低于墙，多用于仪门；门楼高于墙，多用于大门（插图 39）。垂花门上方伸出屋面，其下没有立柱而有倒挂的荷花柱，多用于宅内之门。砖雕福祠，或称“土地祠”，为宅主早晚烧香敬神或婚丧庆典时祝祷而设，多嵌于民居内仪门外正对大门的墙上。墀头指硬山山墙伸出檐柱的部分，使屋檐与墙身和谐地衔接过渡。

另外，砖雕还见于歇山顶的山花、悬山或歇山顶两山屋顶斜坡下的博风、歇山顶或庑殿顶的屋脊以及攒尖顶的宝顶上。中国的大屋顶有硬山、悬山、歇山、庑殿、卷棚、攒尖等多种形式。硬山顶山墙与屋面齐平；悬山顶屋面盖过山墙；庑殿顶即四面坡顶、四阿顶，因其有正脊、四角戗脊共五脊，又称“五脊顶”，是最高级别的大屋顶。卷棚顶屋脊作圆弧状，不起正脊，又称“元宝顶”；攒尖顶屋面斜坡和屋脊均向顶尖集中，为砖雕宝顶覆盖；歇山顶山墙由垂直转折为斜坡屋顶，因其有正脊、四根垂脊、四根戗脊共九根屋脊，又名“九脊顶”。山花指歇山顶三角形山墙上的砖雕。博风又作“八封”、“博缝”，指悬山或歇山顶两山沿屋顶斜坡钉在桁头上的木板，

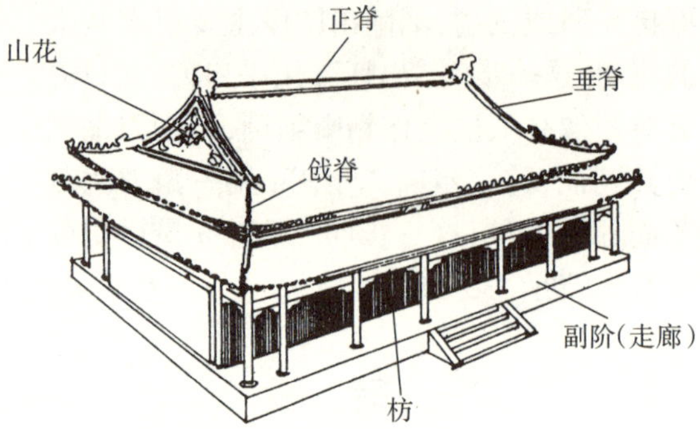

插图 43　古建筑主要屋顶形式—重檐歇山顶(选自李允鉌《华夏意匠》,标注为笔者添加。)

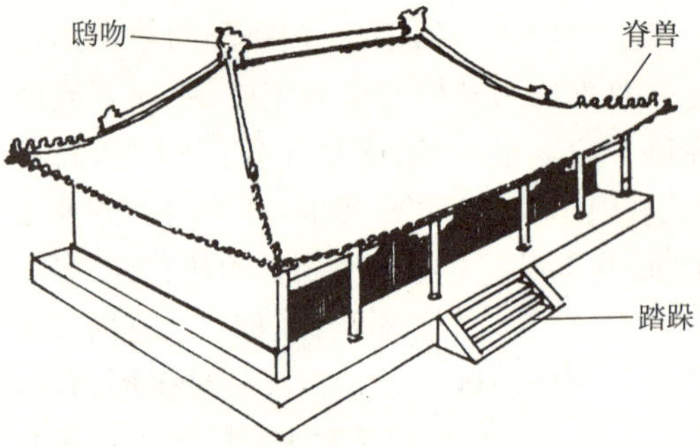

插图 44　古建筑主要屋顶形式—庑殿顶(选自李允鉌《华夏意匠》,标注为笔者添加。)

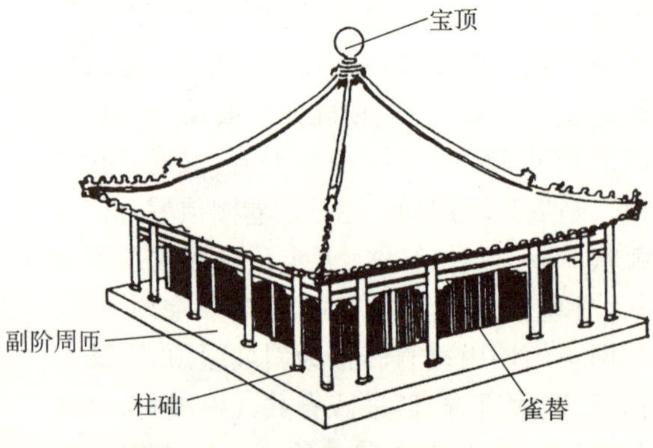

插图 45　古建筑主要屋顶形式—方攒尖顶(选自李允鉌《华夏意匠》,标注为笔者添加。)

砖仿木结构常以清水砖砌博风,或雕花为饰(插图 40~47)。

南京明清府衙和祠堂、寺庙大门,多设磨砖对缝八字墙门或牌楼门,檐下装饰磨砖斗栱,于秀雅中见沉厚;会馆和大宅门则多设磨砖门罩。徽州砖雕门罩多设于大门,雕饰繁富,见徽商衣锦还乡的心理;苏南砖雕门罩多设于宅内仪门,字匾砖雕经书字句,大门只设磨砖素罩,见含蓄内敛的文化气质。苏州砖雕门罩平面分割密集,挂落、荷花柱腾空,纤巧细腻,不免有脂粉气,左右粉墙与门罩黑白对比,又见小家碧玉的秀气;南京砖雕门罩也从垂花门蜕变而来,却含而不露,荷花柱紧贴墙壁成为符号,平面分割比较舒展,雕刻比较简朴,显得大气。其中,磨砖墙门保存完好而又巍峨壮观、精工不露者,莫过曾公祠七级屏风式砖细墙门;磨砖牌楼保存完好而又雕刻精细华美者,莫过净觉寺三间四柱砖雕牌楼;砖雕门罩则以刘芝田故居磨砖门罩雕刻圆活适度,最见南京建筑雕饰洗练直率的风格特点。与这几处砖雕相比,六合万寿宫正脊砖雕云龙工细稍见板刻,甘熙故居砖雕门罩精工略失之滞,江宁朱家大院与江宁淳化孙家边古民居砖雕门罩繁缛刻削,都各逊一筹了。

砖雕的泥坯,要用泥浆过滤沉淀的“停泥”,以大窑、稻草文火慢烧,出窑的“停泥砖”,色泽青亮且性韧,适宜砖雕。砖头出窑以后,切割成需要的外形,截头,刨方,刨直再磨平,叫“清水砖”,有水磨、沙磨两种。古建筑门墙多用水磨青砖拼斗,仿古建筑门墙多用沙磨青砖拼斗。砖雕的工具是:修弓、斧头、砖刨、錾子、扁子、刻刀、平尺、角尺、矩尺、灰板、抹子、瓦刀、鸭嘴刀、木敲锤、猪鬃刷等(插图 48)。錾齿钢丝穿成的竹制大弓用于切割砖头,斧头用于截头,砖刨用于刨平,錾子用于打坯,刻刀用于出细和开纹,扁子用于修整铲平刮光,灰板、抹子、瓦刀、鸭嘴刀用于抹灰浆将砖雕砌筑上墙。砖雕过程是：把样稿贴在水磨砖上，用刀尖或小钻子沿画笔浅浅“耕”出大体轮廓。揭去样稿，用木敲锤敲击錾子进行雕刻：先敲去图像以外的地子，使之低陷并刻出图像主要层次，这一步叫“打坯”；由浅入深，对图像逐一进行精雕细刻并修整图像边墙，这一步叫“出细”；阴刻花筋翎毛线纹，这一步叫“捅道”；刮平底面，这一步叫“刊面”、“刊底”；用猪鬃刷扫

插图 46　古建筑主要屋顶形式—圆攒尖顶（选自李允鉌《华夏意匠》）

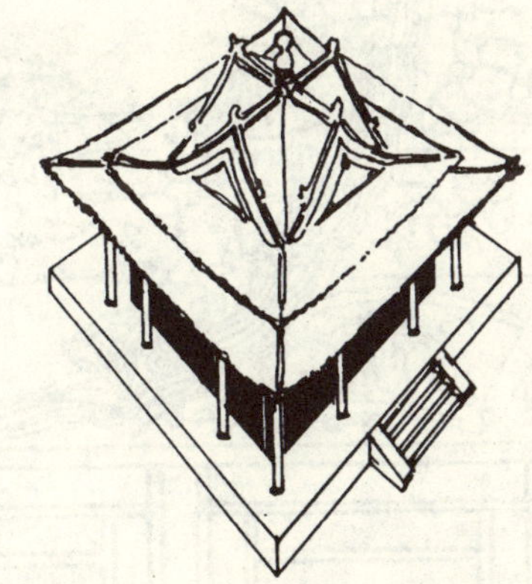

插图 47　古建筑主要屋顶形式—十字脊顶（选自李允鉌《华夏意匠》）

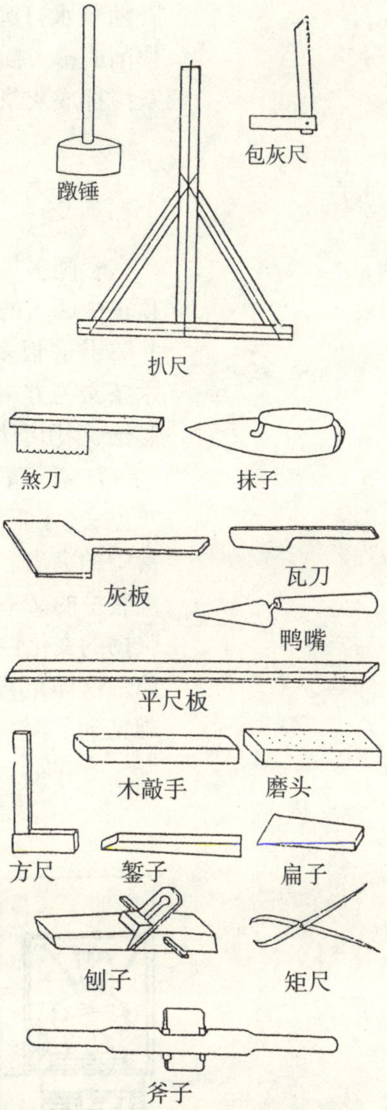

插图 48　砖雕工具图（引自刘大可编著《中国古建筑瓦石营法》）

插图 49　制作砖雕（制作者：扬州古城办高级工艺师赵琦）

除碎砖与浮尘，用磨石磨光。如果刻出粒籽空洞，则用灰浆填补，随补随蘸水打磨接气（插图49）。砖雕上墙，砖反面要抠出卯口，用木块削成榫头插入卯口，木块另一端砌入墙体。安装完毕，用猪血与砖灰搅拌成灰浆填补缝隙，随补随蘸水磨平。

（四）彩　画

彩画多见于屋檐下木构和屋内藻井、平棊。藻井是古代建筑内顶正中凹入的覆斗形或穹隆形装饰，初为八面向上凹入，称“斗八藻井”；井底板多饰龙纹，称“明镜”；明清演变出多种形式。平棊是用木条交为方格的天花板，方格上和方格内彩绘。江南建筑多用苏式彩绘，少用沥粉贴金（插图50）。

江南芳草萋萋，烟水迷离，草木葱茏，如锦似绣。相对单纯的建筑色彩，才能与自然环境的丰富色彩组合为和谐画面。单纯即是丰富中的突出。所以，南京古代建筑很少彩画。南京古代建筑不假彩画装扮的又一深层原因，则是大山川大文化养育的南京人大气、不事张扬的文化性格。而在偏远的高淳东坝、沧溪等地，戏台彩绘极其花俏。这样充满乡土气息、雕刻彩绘又很完整的古代建筑，老城内是很难见到了。

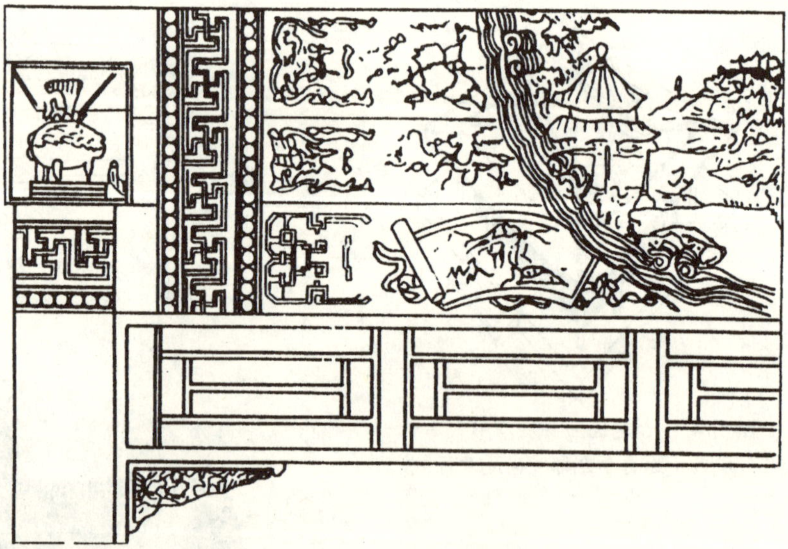

插图50　苏式彩画（引自杜仙洲编《中国古建筑修缮技术》）

三、南京古建筑的生成背景

英国学者丹纳（1828—1893）把物质文明与精神文明特征的形成归纳为“种族、环境、时代”三大因素。他说：“要了解一件艺术品，一个艺术家，一群艺术家，必须正确地设想他们所属的时代的精神和风俗概况”[1]。要理解南京古建筑风格的生成，就必须先了解南京历史、地理、人文诸方面情况。

（一）南京的历史沿革

自公元前472年越王勾践在长干里筑越城以来，南京就开始了长近2500年的城市营造史，前后有东吴、东晋、宋、齐、梁、陈、南唐、明初、太平天国、民国十朝在此建都。前333年，楚威王在石头山（今清凉山）筑金陵邑，此地始得名“金陵”。秦始皇东巡，望气者云“五百年后金陵有天子气”，始皇“乃凿钟阜断长陇以通流，改其地为秣陵县”（[宋]张敦颐《六朝事迹编类》），金陵始称“秣陵”。211年，孙权从京口（镇江）迁治所到秣陵，次年改秣陵为“建业”，西晋灭吴后复名秣陵，281年分秣陵与建邺。313年，晋愍帝司马邺即位，避其讳改称建邺为“建康”。宋、齐、梁、陈四朝，除梁元帝定都江陵二年外，均以建康为都城。隋灭陈，废建康；唐武德九年，扬州大都督府自金陵移江都，从此，“扬州”成为江都的专称而不复包括金陵在内的大片地区，金陵改称“白下”。此后至南宋，此地时称“金陵”、“江宁”，时称“昇州”（今升州路之“升”系“昇”字简化）、“建康”。金人入侵，赵构定都临安而将建康作为留都。元人攻入建康，改建康府为“建康路”，1329年改称“集庆路”。朱元璋克城后，改称“应天府”；称帝后，又改应天府称“南京”，南京从此得名。1645年，清王朝在南京设江宁府。太平天国建都南京时，改称“天京”。1912年元旦，孙中山就任中华民国临时大总统，江宁复称“南京府”，“南京”作为地名，从此沿用至今。

（二）南京的地理形势

南京前可挹长江之水，背则倚紫金之峰，兼得山之雄水之秀。老城内，有钟山余脉覆舟山、鸡笼山、五台山、清凉山和富贵山，秦淮河、

1 [英]丹纳著、傅雷译：《艺术哲学》，安徽文艺出版社，1994年版，第33页。

珍珠河等水系如网络流贯，玄武湖、莫愁湖、乌龙潭等湖泊如众星闪烁；老城北，有幕府山、燕子矶；东北，有前湖、琵琶湖、紫霞湖、栖霞山；再东有汤山；东南有方山；南有韩府山、翠屏山、将军山、祖堂山、牛首山、东山；西北有狮子山、老山……叠翠的群山给南京人带来清新的空气，数不清的水网湖泊增添了丛丛青山的灵气。加上长江三角洲的地理位置、亚热带的季风气候，使南京四季分明，雨水充沛，土壤肥沃，物产丰饶。人们常说"杏花春雨江南"、"锦绣江南"，正是指以南京为代表的江苏南部、江北扬州和浙、皖部分地区。对南京的山川自然，前人早有定评，孙中山《建国方略》说："南京为中国古都，在北京之前；而其位置上乃一美善之地区，其地有高山，有深水，有平原，此三种天工，钟毓一处，在世界中之大都市，诚难觅此佳境也。而又恰居长江下游两岸最丰富区域之中心，南京将来之发达，未可限量。"

山川形势和帝王之都影响着南京人的胸襟，使南京文化既有南方文化的精致，又有皇家文化的大气。南京人比北方人聪明，又比南方人豪爽仗义；南京人眼光比中原人开放，又比两广人正统。直到今天，南京生活节奏慢于北京和上海，又比内陆城市信息灵通；南京学者进得书房出得世界，既放得下安静的书桌，也能与时俱进，脱尽冬烘。

（三）南京的文化高潮

论述南京传统建筑风格的生成，不能不提及南京历史上几度文化高潮。

六朝和南唐时期的南京，文采风流，细数不尽。王羲之父子、顾恺之、陆探微、张僧繇、戴逵、嵇康、谢朓、沈约、顾闳中、徐熙、董源……一大批顶尖级的文学家、艺术家活动于这块土地上；刘勰《文心雕龙》、钟嵘《诗品》、谢赫《古画品录》、嵇康《声无哀乐论》……一大批代表古代文艺理论高峰的著作也诞生于这块土地上；昭明太子萧统在此主持编辑了《文选》。人们用"六朝烟水"形容六朝之都的文化，所谓"江南卖菜佣亦有江南烟水气也"（[清]陈作霖《凤麓小志》）。南京至今尚存乌衣巷、朱雀桥、桃叶渡、王谢故居、周处读书台、珍珠河等六朝、南唐遗迹。

从永嘉之乱开始，中原士族数度南迁，将中原文化带到了江南，潇洒流丽的江南艺术精神渐渐发生了变化。明朝是建都南京的第一个大一统王朝。明初，朱元璋向全国征集10余万工匠，聚居于城南织锦坊、颜料坊、铜作坊、铁作坊、弓箭坊、鞍辔坊、银作坊、踹布坊等18个坊以及剪子巷、船板巷、箍桶巷、染坊巷、胭脂巷、南伞巷、北伞巷、扫帚巷等小巷内，由此带来商贾的云集和人口的猛增，带来城南网巾市、绒庄街、绫庄巷、纱帽巷、扇骨营、香铺营、糖坊廊、明瓦廊、估衣廊等密集的商市。朱棣迁都以后，南京作为留都，其政治中心的地位不复存在，手工业和商业却更为迅猛地发展起来。明中晚期，以南京为中心的江南经济极度繁荣，士大夫文化蔚成体系。南京的文化形态，从明前期皇家文化为主导转向明中晚期士大夫文化与平民文化、商贾文化交融混杂；南京的建筑形态，也从明前期以皇室建筑为主导、以手工作坊和商市为基垫转向明中晚期民用建筑成为主导性的建筑形式。民用建筑不再推崇王者气势，而追求实用和舒适。明中晚期，商贾大户的大型宅院如“九十九间半”者，在城南拔地而起，士大夫建造园林居所也蔚成风气。南京老城街坊民居园林的基本格局，就是在明中晚期形成的。

清代，南京仍然是富甲一方的东南重镇，康熙、乾隆两朝皇帝各六次南巡，带来南京城一次又一次大规模的营造与修缮，有清一代的文学名著《桃花扇》、《红楼梦》、《儒林外史》，都以南京为背景创作。南北人口在这里汇集，北方文化与南方文化、官方文化与民间文化在这里交融碰撞，宫殿、陵寝、寺庙、园林、府衙、会馆、民居等各类建筑在这里蔚为大观，南京建筑的兼容性格真正形成。今天，南京文化仍然汇通南北，南京方言甚至接近北方语系，其成因当追溯到永嘉乱后北人南迁，与南京作为首都和东南经济文化重镇、原住居民少而四方人口杂处也不无关系。南京现存古代建筑，基本为明中晚期至清代遗构。

下篇

南京传统建筑雕饰艺术寻访

本世纪伊始，笔者查找典籍，走访文化部门，大致摸清了南京现存古代建筑的脉络，于是约请摄影师徐振欧先生，开展了对南京现存古建筑的田野调查。调查过程中，又发现了一些未经文献和文化部门收录的古代建筑。

今天的南京，辖有秦淮、白下、建邺、玄武、鼓楼、下关、雨花、江宁、江浦、栖霞、六合十一区及溧水、高淳二县。这十一区二县，南京人习惯称之为“南京地区”；南京人所说的“老城”，指民国形成的城市框架，亦即今天秦淮、白下、建邺、鼓楼、下关诸区；南京人所说的“城南”，则指明代形成的城市框架，亦即今天东起大中桥、西至三山门（今水西门）、南至聚宝门（今中华门）、北抵北门桥（今珠江路北）的范围；而雨花、江宁、江浦、栖霞、六合、溧水、高淳诸区，南京人仍然惯称“城郊”。本书以研究“老城”为宗旨，不能不尊重历史习惯，按今天南京人约定俗成的概念，分别叙述“老城”、“城南”与“城郊”。我们的田野调查记录，按民居、会馆、府衙、祠堂、书院、寺庙、园林、宫殿、陵寝、戏台、其他等归类，次第展开。

一、老街坊老民居

相传秦始皇为泄王气，凿方山，断长垅，使龙藏浦入长江，南京始有秦淮河。今人称绕老城入江者为“外秦淮”；流入老城内为“内秦淮”。内秦淮号称“十里秦淮”，六朝以来便金粉荟萃，“锦绣十里春风来，千门万户临河开”，河边朝代兴废、王谢风流、金陵八艳……勾起过多少文人的怀古情怀。明清两代，秦淮河、信府河旁，河厅、河房临河而建，马头墙高高低低，密密匝匝，与明城墙相依傍，于错综中见节律，构成了南京老城特有的水（河）、陆（河房）、空（城墙）三层立体城市景观。

从东水关到西水关，内秦淮又像待发的满弓，弓背正在明清老城之南的中华门。中华门内东、西两侧，南京人俗称“门东”、“门西”。门东、门西街坊是明初朱元璋定都南京、征集10余万工匠住于城南、历几百年逐步形成的，多路多进的大型民居即“九十九间半”者，散见于门东、门西的长街小巷之中。城南现存古民居多为清代中晚期遗构，门西河街河房尚可见历史的碎片，门东河街河房则已是“旧貌换新颜”了。

（一）门　西

门西明清街坊内，曲曲折折地散布着糖坊廊河房、钓鱼台河房、愚园（胡家花园）等省、市级文物保护单位，高岗里民居、殷高巷民居等区级文物保护单位，古井、古树、古桥在在可见。升州路以北南捕厅到安品街，集庆路一带到明城墙，信府河边的钓鱼台、糖坊廊与大百花巷，是门西现存古民居较为密集的区域。

1. 南捕厅甘熙故居

甘熙故居在今门西升州路南捕厅15、17、19号和大板巷46号，初建于清中期，其后不断扩建，道光间形成六路五进穿堂式规模，占地总面积14 060平方米，建筑总面积12 000平方米（图1）。作为大中城市中迄今格局完整的大型独家宅院，甘熙故居得到全面修缮，南捕厅19号东路穿堂房屋五进1992年修复，南捕厅15号三进、17号两进和大板巷46号两进2002年修复，2007年7月，南捕厅历史文化街区二期工程建设竣工。南捕厅15号原有花园、戏台、票友房和津逮楼，津逮楼藏书——《津逮秘书》名震海内外，白下区政府计划修复。甘熙故居现为南京市民俗博物馆、全国文物保护单位。甘熙（1787—1853），道光间进士，藏书家，著有《白下琐言》、《桐荫随笔》等。

图1 修复后的甘熙故居，布局整饬，空间开合，极富节律美。

图2 修缮一新的甘熙故居跑马楼。

图4 明代“福”砖雕。

图5 明代“禄”砖雕。

图6 明代“寿”砖雕。

图7 明代“喜”砖雕。

图3 甘熙故居前庭墙上嵌明代“福、禄、寿、喜”砖雕。

甘熙故居五路房屋坐南朝北，一路房屋坐东朝西，每路有门厅、轿厅、大厅、后房，每厅、每楼前天井用青石铺地。全宅有大小天井35个、水井12口，厅堂内、屋檐下也有水井。各路间有火巷间隔，耳门通往厅前天井，厅后，跑马楼绕天井四面通连（图2）。偏院建筑布局灵活，房屋与庭院大小相间，西路偏院三进尤为精巧：卵石铺出花式地面，月光下似有粼粼细波，望月楼——歇山顶带卷棚三层小楼为全宅制高点，木雕格扇和栏杆使小楼显得轻盈剔透。整个建筑群轮廓起伏，富于变化。

大门为相宅家“名曰气口”（[清]高见南《相宅经纂·卷一·宅有三要》），其朝向备受古人重视，而“商（五音之一，对应五行，谐音商人之

图8 甘熙故居内今人雕刻的砖雕门罩。

"商")家门不宜南向，徵(zhì，五音之一，对应五行)家门不宜北向。则商金，南方火也；徵火，北方水也。水胜火，火贼金，五行之气不相得。故五姓之宅，门有宜向。向得其宜，富贵吉昌；向失其宜，贫贱衰耗"([汉]王充《论衡·诘术篇》)，所以，甘熙故居大门朝北。

穿门厅，见天井西墙上嵌有从高淳明代民居移来的长条花砖，由"福"、"禄"、"寿"、"喜"四幅斗方拼合而成，雕刻大体大面，简朴浑厚(图3~7)。民间传说唐德宗朝道州刺史阳公讳城字，定州人氏，见

图9~11 甘熙故居新雕门罩字匾和兜肚砖雕《八仙过海》。

图9

图10

图11

图 12　甘熙故居内大厅“友恭堂”。

图 13

图 14

图 15

图 16

图 13~16　甘熙故居友恭堂屋檐下花板，镂雕玲珑，磨工圆熟。

朝廷以“道州古产侏儒”为常例，令道州岁贡侏儒数千人，百姓迫于王法，将亲子纳入坛中畜养上贡，于是力谏朝廷除此常例，百姓遂尊其为福星。砖雕上，福星闲坐，神态安详；禄星前立梅花鹿一只；寿星旁立童子，手捧寿桃；喜星左上角刻婚礼纳采用的大雁，以喻“洞房花烛夜”，左下角刻童子手捧黄榜，书生志满意得，以喻“金榜题名时”。

中轴各厅腰门背后均设砖雕门罩，仪门反面砖雕门罩字匾和兜肚刻《八仙过海》，刀工圆熟，磨工深厚，气韵则稍见滞郁，仍不失为现代砖雕的上乘之作(图 8~11)。

客厅名“友恭堂”(图 12)。屋檐下花板雕戏文故事，形象简朴，概括生动，颇堪称道(图 13~16)。厅前设卷棚，梁、柁刻《鲤鱼跳龙门》、《松龄鹤寿》等图案，厅后双步梁、单步梁亦砍凿为折线、曲线造型，雕刻作兽首、花草、卷云纹样，可惜旧木雕上新漆太厚(图17~20)。厅内圆光罩与格扇门方、圆、虚、实、大、小相间，使宽阔的大厅内光影变化，空灵剔透(图21)。

次厅格扇门从城南信府河119号河房拆来，24扇格扇门现存18扇：裙板浅浮雕博古图案，线纹流利清晰；绦环板高浮雕《卧冰求鲤》、《鹿乳奉亲》、《老莱子娱亲》等《二十四孝》画面，布局繁满，人物动态生动；格心镂雕蝙蝠夔纹卷草，极为精工细致(图22~25)。

图17 甘熙故居大厅卷棚下木雕。

图18 甘熙故居大厅梁头木雕蝙蝠祥云，雕、磨均极精到。

图19 甘熙故居大厅额木雕刻云龙，如蝴蝶展翼于脊檩两侧，使梁架富于直线和曲线的丰富变化。

图 20　甘熙故居友恭堂木雕双步梁和穿，以丰富的曲线抵消了刚性建筑给人的重压感。

中轴各厅厅内多设花罩，各厅格扇门、落地罩、窗栏板、斜撑等，多有雕刻精彩的旧作，以安逸楼雨挞板木雕为精美（图 26），庭院内散落着一些旧石雕（图 27）。甘家大院庭院深深。浏览甘家大院，像游览清代三雕博物馆（图 28）。

图 21　从甘熙故居大厅内看圆光罩，虚、实、长、短、曲、直变化，空灵剔透。

图 24

图 22　信府河移来格扇门全景。

图 25

图 24、25　格扇门绦环板特写。

图 23　甘熙故居次厅从信府河老河房移来的长格扇，雕工细致，线棱健劲。

图 26　甘熙故居安逸楼雨挞板木雕《风吹牡丹》、《鹤鹿同松》等吉祥图画和缠枝莲纹，缠卷生发，意态生动。

图 27　甘熙故居庭院内旧建筑石雕构件，石鼓上雕回纹，石基座锦袱上雕荷花水草。

图 28　从各堂腰门看去，甘熙故居庭院深深深几许。

2. 糖坊廊老河房

糖坊廊 61 号河房为清中期遗构，存跑马厅两进、河厅一进，布局、结构、雕刻均仿徽式，而于河房与对子房门见苏南特点，陶姓房主世代居住于此，现为省级文物保护单位。糖坊廊巷口即中山南路。笔者二访此地时，见有关单位在宅东拓出街心花园，阶梯上下，竹叶婆娑，中山南路路口至此宅间，建造了“长乐花园”马头墙式新宅。由于对糖坊廊古宅周边环境的有效治理，此宅又紧邻交通枢纽钓鱼台站，有望逐步形成景观效应。

从信府河对岸看去，此河房封火墙高大，建筑结构完整，屋檐下花板清晰可见，东围墙外，古石级通往河边，在河边十分抢眼（图 29~32）。因沿河地块逼仄，糖坊廊河房因地布局，大门开在两进间耳门位置，天井窄小且呈菱形，木楼梯在室内（图 33、34）。

大厅为带卷棚大七架梁，高大轩敞。明间槛窗一排，面向信府河，朝南而开，梁架、格扇门和雨挞板雕刻均为上品；两次间悬飞罩，镂

图 29　糖坊廊 61 号河房，是南京难得一见的古建筑原构，房、水相依，将人们带回对昔日城南河边繁华、浆声灯影的追忆之中。

图 30

图 31

图 32

雕梅花冰裂纹。卷棚下梁架露明，荷包梁高浮雕鹤立海边，意为《一品当朝》，梁头雕刻作象鼻，柁墩高浮雕八仙等人物故事，雕刻圆活。格扇门雕刻最为精彩：格心镂雕圆形开光大小相套，大圆光内浅浮雕一双蝙蝠，上下衔住小圆光，小圆光内深浮雕各式花卉，结子镂雕佛手、牡丹、石榴、寿桃等各式花果，结子圆活，棂条健劲；绦环板以剔地起突法雕凤凰、麒麟等花鸟走兽，走兽长幼传情顾盼，凤凰雌雄藏露照应。同样用剔地起突法雕刻，绦环板雕刻圆活而有体积感，裙板雕刻则追求章法布置之美：重复的线条铺排出山石、房廊、树冠的格律感，构图满、密，刀法刚劲又不乏圆活，层次的丰富，人物、房廊造型的洗练，树石造型的格律美，令人赞叹。足板又换一种雕刻语言，以减地平钑法刻线形莲纹卷草。两排格扇门雕刻水平之高，市区绝无仅有，移地徽州亦属不可多得(图 35~53)。楼上柱子间饰挂落，悬荷花柱。雨挞板高浮雕戏文故事，形象古拙，造型简括(图 54)。

图 30~32　糖坊廊 61 号河房屋檐下花板。

图 33　糖坊廊 61 号河房内景。

图 34　从糖坊廊 61 号河房楼上俯瞰。

图 35~43　糖坊廊 61 号河房隔扇门裙板木雕，山重水复，楼阁掩映，人物聚散错落，布景写实又富装饰感，刀法圆活又兼刚劲，诚为南京古建筑格扇门木雕难得的佳作。

图 35

图 36

图 37

图 38

图 39

图 40

图 41

图 42

图 43

图 44

图 45

图 46

图 47

图 48

图 49

图 50

图 51

图 52

图 53

图 44~53　糖坊廊 61 号河房隔扇门绦环板，所刻走兽无不兼得形神，备极生动。

图 54　糖坊廊 61 号河房雨挞板木雕戏文故事，房廊造型简括，人物形象古拙，表情性格各异，是古代民间雕刻的杰出作品。

3. 钓鱼台吴家账房老屋

吴家账房全称“德裕堂吴悦来缎号”，在今门西钓鱼台83、85、87号，三路多进穿堂式房屋为清代遗构。账房又称“号家”，经营云锦放料、放款和买卖。与门东自由经营云锦生产和买卖的账房有别，门西账房专门生产皇室贡品。

83号大门封闭，从九十三巷1号后门进入。大厅轩梁和脊檩左右木雕完好。后进合院为宅主吴禄生居住，堂屋前有格扇门，后有太师壁，住房六面护板，结构完整，格扇门绦环板刻《暗八仙》图案。九十三巷1号后门围墙上嵌砖雕“福”字（图55）。据屋主吴禄生见告，后门围墙原为花园内墙，拓宽九十三巷时，花园被拆。

图55　钓鱼台83号吴家账房后门墙上砖雕福字，雕刻干净利落。

85号中路房屋最为讲究：仪门饰磨砖门罩（图56）。入内，厅堂两进、楼房一进，为“七十二家房客”的简易小屋切割，骨架未损。大厅五架梁，前置船篷轩，贡式月梁雕刻精美，平梁上置平盘斗和蜀柱，脊檩旁额木雕刻（图57），椽子间卡有木条斗合而成的“圣阁”，系吴家当年盛放圣旨所用；中厅檐下镂雕花板尚存；后进楼上残存木雕栏杆。

87号两进合院房屋结构及格扇门保存尚好，西走廊有耳门，通往85号。

图56　钓鱼台83号吴家账房磨砖门罩下砖雕角牙。

图57　钓鱼台83号吴家账房大厅额木雕刻。

图 58　钓鱼台 196 号清代民居全景。

4. 钓鱼台 196 号河房

钓鱼台 196 号河房为清代民居，石库门完整，门楣钉上了“区级保护河房”的铜牌。入内，见大厅一进、河房一进围成合院（图 58）。格扇门绦环板雕刻层次丰富（图 59~62）。河房屋檐下三面数十块花板雕工极其细腻：明间花板方形，镂雕佛手、桃子等果树并山石，枝叶缠卷，山石有节律美；两厢花板横长方形，镂雕水仙、荷花等，雕刻略见粗疏（图 63~68）。东厢置镂雕挂落，挂落下花牙镂雕之细腻、图案之复杂，即在徽州亦属少见（图 69）。西厢支摘窗一围护框，雕刻也极精美（图 70）。进入大厅，见前置船篷轩，梁架雕花卉、缠枝莲等。平梁仿徽式刻包袱锦，平梁上置平盘斗，驼峰、脊檩两侧蝴蝶木线刻纹样（图 71、72）。此河房小木作雕刻之精，为南京地区少见。河房破蔽，建议保护升级。

图 59~62　钓鱼台 196 号格扇门绦环板木雕，布景的繁富、层次的丰富，令人叹为观止。

图 59

图 60

图 61

图 62

图 63

图 64

图 65

图 66

图 67

图 68

图 63~68　钓鱼台 196 号屋檐花板，明间、次间分别为方形、长方形，主纹层次丰富，底纹镂雕细致，树石富装饰美，殊不多见。

图 69　钓鱼台 196 号挂牙镂雕蝙蝠寿字和回纹卷草，象征福寿绵长，图案优美繁富，镂雕细腻。

图 70　钓鱼台 196 号支摘窗框镂雕，工细圆活，殊不多见。

图 71　钓鱼台 196 号大厅轩下梁架木雕。

图 72　钓鱼台 196 号大厅蝴蝶木雕刻。

5. 钓鱼台 192 号河房

钓鱼台 192 号原为清代翰林学士故居，占地 297 平方米，门口钉有“区级保护河房”铜牌，现已升级为市文物保护单位。大门已拆，地皮为馄饨店占用，两进硬山房屋主体结构尚属完整，天井为今人砌满简易小屋，后进为河厅。临河槛窗已闭，左角另开小门，通向河边四角攒尖顶小亭。在长乐街，方可隔河观望此房此亭与河景。长乐街上，河街河房局部尚存原貌（图 73）。

图 73　长乐街 64 号石库门角牙雕卷草。

6. 大百花巷程先甲故居

程先甲故居在今门西大百花巷 11 号，存穿堂式房屋七进，占地千余平方米，为清中晚期延遗构。从隔壁火巷望去，七进房屋呈纵深延展，山墙起伏绵延，外形完整（图 74）。现为市文物保护单位。

第一、二进门厅、大厅内，塞满棚户；第三进为程氏女儿、女婿居住，中庭大树如盖，极为幽静，三间两厢房屋雕花格扇门、太师壁和六面护板一一完整（图 75）；其后两进楼房，已是楼危梯颤；厨房在最后。

百花巷 6 号清代民居存悬柱式砖雕门罩，额枋用减地平钑法刻香草寿字，左右挂牙刻回纹，甚见功力（图 76、77）。

图 74　大百花巷程先甲故居七进房屋呈纵深延展，山墙起伏，火巷幽深。

图75 大百花巷程先甲故居第三进保存最为完好。

图76 大百花巷6号门罩额枋花砖雕寿字卷草，线纹工整圆婉，剔地干净，极见功力。

图77 大百花巷6号砖雕门罩，挂牙花砖雕莲花卷草与拐子回纹锦。

7. 殷高巷刘芝田故居

刘芝田故居，在今门西殷高巷14—1、2、3、4号。此宅原为明开国功臣胡大海居宅，光绪间为两淮盐运使刘芝田（1829—1892）所购并加以改建，现存门厅、轿厅、大厅及楼房六院，以火巷分为南、北两部分，建筑面积2700平方米，占地3000余平方米。据笔者实地考察，刘芝田故居当原有总门，因拓宽殷高巷被拆毁，1号门应是原宅内仪门，2、3、4号门应是原宅内耳门。

14—1号大门在殷高巷，门前为油饼店占据。入大门，见房屋一进，古树尚存。14—2、3、4号大门在孝顺里深巷内（图78）。

14—2号磨砖门罩，上额枋四块花砖雕花卉，刀工遒劲洗练，极具章法；字匾刻"福祚攸同"四字，左兜肚雕松树梅花鹿，右兜肚雕梧桐

图78　孝顺里原刘芝田故居火巷。

图79　刘芝田故居原仪门砖雕门罩系清代原物，雕刻浑厚圆活而不呆滞，精工细腻而不刻削，是南京古建筑保存最为完好、砖雕水平最高的门罩。

图 80

图 81

图 82

图 83

图 84

图 80~84　刘芝田故居原仪门门罩左兜肚砖雕猴子与马，寓意“马上封侯”，动物造型写实圆浑，树冠山石又极简约；右兜肚砖雕梧桐大象，寥寥数刀，就把大象皮肤褶皱的质感刻划了出来，动植物造型的曲线与房屋坚硬的直线形成横、竖、斜等造型元素的丰富变化。额枋上花砖雕山石梅花，梅枝诘屈，相互交搭，极具章法，又有效地防止了砖花断裂。左右挂牙花砖雕夔龙卷草，缠卷灵活，气韵生动。

大象，束腰刻莲花卷草，左右挂牙卷草龙纹：雕刻圆活健劲，精工而无刻削之弊，允推为南京现存古民居中砖雕水平最高的门罩，保存完整，十分难得（图 79~84）。入内，见五开间跑马楼，格扇门完好。

14—3 号存磨砖门宕，入内，见跑马楼围成内院。14—4 号门内，亦以跑马楼围成内院。

8. 孝顺里曾国藩故居

孝顺里深巷左侧为青砖高墙的清代民宅。22 号曾国藩故居木楼房一进，骨架未损，雕花护栏尚在。殷高巷北侧亦多高墙大院的清代民居，巷南则为现代高楼占据（图 85）。

图 85　孝顺里 22 号曾国藩故居

9. 高岗里魏家骅故居

魏家骅故居在今门西集庆路以南，原为三路，现中路房屋多已不存，东路西路编为高岗里 17、19 号，九十九间半房屋外造型结构完整，南北长 75 米，东西宽 45 米，占地 3373 米，封火墙高大峻拔，连绵起伏(图 86、87)。如此外造型完好的大型古建筑群落，在南京地区已不多见，可惜围墙内布局已经改变。魏家骅，晚清翰林。

魏家骅故居设南向总门，总门上方磨砖匾墙和左右水磨方砖吊角斗合成的八字形鱼鳃墙至今完整。过门厅，左侧见水磨砖宕的西仪门，现编为 17 号，两进房屋合为四合院，蝴蝶瓦屋顶、红漆廊柱、天井青石板一一完整，天井内塞满今人搭建的简易平房，后进被今人破开山墙另辟小门。中路应为原 19 号，仪门不存，前进已拆，存房屋两进。东路应为原 21 号，现编为 19 号，仪门已拆，房屋四进，已不复为原构。中路、东路间火巷狭长，通往后门。后门外匾墙上磨砖雕刻"福"字，雕、书都见拙劣，鉴为今人补作。

图 87　高岗里魏家骅故居屋脊，蝴蝶瓦叠花保存完好。

图 86　高岗里魏家骅故居、五山屏风式封火墙高大峻拔，像一把巨扇高张于蓝天白云之下，有效地阻挡了盛夏的炎炎烈日。

10. 朱状元巷朱之蕃故居

朱之蕃故居在莫愁路朱状元巷32、34号，初建于明代万历年间，清末为长江七省水师提督住宅，后为太平天国王府，现为市文物保护单位。

原有房屋两路五进。现32号存磨砖门楣(图88)，屋檐下残存花板，前厅内盖起简易楼房，卷棚轩贡式梁上雕刻全被遮挡。34号原有厅堂三进，原大门已不存，所存两进房屋，从大丁家巷民族小学出入，在操场一侧十分突兀，屋顶蝴蝶瓦残缺，露出木构梁架。朱之蕃，明代状元。

图88 朱状元巷32号朱之蕃故居原大门设磨砖门罩。

11. 仓巷杨桂年故居

杨桂年故居在水西门旁仓巷78号，为清代遗构。原沿街大门在拓宽街道时被拆毁，现有小门为今人所辟。入内，见平房三进，西一进已面貌全非，东二进中，前进结构已经大改，后进三间，左右房间六面木板基本完好，堂屋上有木制阁楼，雕饰则已片甲不留。

12. 颜料坊49号老屋

颜料坊49号老屋存前后六进，为市文物保护单位。今颜料坊、铜作坊、弓箭坊、黑簪巷及附近船板巷大片房屋拆为瓦砾，老屋孤零零地立于瓦砾堆中，显得凄惶无助。求访秦淮区拆迁办，拆迁办拒绝透露对此房今后之打算。

13. 胡家花园老屋

笔者在门西鸣羊街寻找王氏帐房四进老屋不可得，发现鸣羊街为胡家花园新街拦腰截断，胡家花园1号、2号古民居侥幸存留，为国棉一厂职工宿舍。

1号存三进古屋：东路三间两厢楼房三面抱合，三面屋檐下镂雕花板略有残缺，天井高墙上嵌有夏日张挂布帘的陈年木勾，耳门旁有木制楼梯上楼（图89、90）。耳门通向西路偏院，三间两厢房屋两进南北对合，格扇门尚存。2号存磨砖门罩，砖雕“紫气东来”四字已经脱落，内部房屋结构亦已大改（图91）。据街坊耆宿见告，胡家花园1号、2号、3号原为胡家花园主人居宅，上世纪40年代共用一门，门口有大照壁，围墙绵延直至花露岗，1号为原胡家花园内绣楼。城市建设拓宽道路，照壁、围墙被拆，宅内之门遂成临街门户。

图90 胡家花园1号绣楼之木楼梯。

图89 胡家花园1号三合院，原为愚园之绣楼。

14. 上浮桥老河房

笔者和摄影师在门西上浮桥寻找朱元璋制服俞通海的石猫坊不可得，得知此坊10余年前被拆除，桥畔盖有令鱼(俞)丧胆的煎鱼店，历史开了个小小的玩笑。只见上浮桥河房掩映于绿树丛中，春草迷离，碧波泱泱，马头墙高低错落，人、房子、街道和水和谐共存，一种不假造作的、原生态的美，令我感动(图92)。这样的河街，在上、下浮桥尚不止一处。中华门东、西秦淮河、信府河边，明清河街或支离破碎，或不复是原汁原味，上、下浮桥小段原生态的河街，似应列入保护。

图91 胡家花园2号原磨砖门罩。

图92 上浮桥老河房掩映于绿树丛中，建筑与自然和谐共存。

（二）门　东

明初朱元璋下令，将南京妓院集中于秦淮河武定桥旁，将各地名妓迁来此地，又将蒙元皇亲国戚达官贵人之眷属编入妓籍；朱棣攻克南京以后，则将效忠建文帝的大臣眷属编入妓籍，武定桥周围成为青楼云集、十里烟花之地。晚明人记这一带“画船箫鼓，去去来来，周折其间。河房之外，家有露台，朱栏绮疏，竹帘纱幔”（[明]张岱《陶庵梦忆》），清人则记，“旧院人称‘曲中’，前门对武定桥，后门在钞库街。妓家鳞次，比屋而居。屋宇精洁，花木萧疏，迥非尘境”（[清]余怀《板桥杂记》）。这里发生过钱谦益与柳如是、侯方域与李香君生死离合的故事，“秦淮八艳”成为明末清初文人笔下的“青楼经典”。如今门东，新仿多而古民居少，少量古建筑遗存，见于武定桥附近马道街、三条营、长乐路、钞库街一带，令人陡忆起古人诗句“伤心千古，秦淮一片明月”（[元]萨都剌《登石头城》）。

1. 马道街沈万三故居

沈万三故居在门东马道街5、7、9号，原建于明初，分别为幼儿园、市民、秦淮区人民政府改建，仅7号区政府院内楠木厅抬梁式大木作及雕刻是原构。厅面阔11.8米，进深9.8米，外墙经今人重砌，梁架油漆过重，装修全新，完全遮盖了楠木的肌理和古建筑的韵味（图93~95）。5号院内存沈万三手植银杏，树干已经合抱，万千绿蝶飞舞，绿荫遮盖了巷道。沈万三，明初东南首富。

图93　油漆一新的沈万三故居内明代楠木厅。

图94　沈万三故居楠木厅轩梁雕刻。

图95 沈万三故居楠木厅额木雕刻。

南京市民多以为沈万三故居在门东城墙脚下。其实，城墙脚下“故居”完全是遗址上的新构。大门南向，面对中华门城墙，其前以围墙隔为外院，东西各开券门。左右门墙各以吊角方砖拼合为斗方，斗方正中菱形开光内砖雕《福寿双全》图案，四角嵌砖雕流云蝙蝠，与正中流云蝙蝠构成《五福捧寿》图案，为现代砖雕中的佳作(图96、97)。门厅前有石狮一对，大门左右设石鼓。门厅背面设砖雕双柱门罩。大厅与后厅、两厢围成合院。西门面对中华路，厅堂隔为连通的两院：南院四面建筑，碑亭内有碑一方；北院假山、回廊、亭、榭绕水池而建。在缺少中式园林的城南，新建“故居”为城墙脚下增色不少，可惜未对民众开放。

图97 复建沈万山故居花砖《福寿双全》、《五福捧寿》，雕刻精工到位，剔地干净利落，是现代砖雕中的佳作。

图96 复建的沈万山故居外庭。

图 98　修复后的秦大士故居东路大门与门厅。

2. 长乐路秦大士故居

秦大士故居在门东长乐路武定桥东 57、59、61 号，占地面积约 2500 平方米。2003 年，此地建成名人故居陈列馆，复原了部分家具、楹联、匾额，现为省文物保护单位。秦大士，乾隆十七年状元，官至侍讲学士。

东路房屋三进，大门南向，并左右门房三间面街，明间凹入为门厅（图 98）。左右抱鼓石底座刻麒麟与缠枝莲纹，鼓面刻莲花（图 99）。从门厅入内，大井对面是带卷棚七架梁大厅，名“秋田堂”，屋檐下花板镂雕缠枝莲，梁头和雀替雕卷草，为昔日精工之作；格扇门雕工粗疏，明显新制。厅前鹤颈轩望砖下柁墩雕作寿桃祥云，硕大的寿桃与平盘斗下镂雕精细的缠枝莲对比映衬（图 100~103）。厅内陈列秦大士生平资料和南京状元、榜眼、探花、进士名单。太师壁后有门通往后庭，见二层木楼，楼檐下悬“东山楼”匾额，新配竹节斜撑线形扭曲，新配荷花柱失常悖谬（图 104）。楼内陈列有南京明清民间用具和老屋拆除下来的花罩。

图 99　秦大士故居东门石抱鼓。

中路南向小门饰磨砖门罩，字匾刻“大夫第”三字，上下枋与兜肚雕山水，景有聚散，人有错落，层次深远，虽然玲珑有欠浑厚，仍可称现代砖雕中的佳作（图 105~108）。房屋两进自成合院，天井中央有水井一口。后进“涧泉楼”内，已完全是现代装修。

西路门厅和住宅共四进，后有花园，“取欧阳永叔瞻望玉堂如在天上之意，名其园曰瞻园”（［清］陈作霖《金陵琐志》），园隅设书房。不对外开放。

图 100　秦大士故居东路大厅秋田堂。

图 101　秋田堂屋檐下花板镂雕缠枝莲，缠卷生动。

图 102　秋田堂梁头木雕。

图 103　秋田堂轩梁雕寿桃硕大圆浑，缠枝莲纹精细，虾须圆转利落，方、圆组合，线条健劲。

图 105

图 104 秦大士故居东山楼，新修斜撑等木构造型乖谬。

图 105~108 秦大士故居中路砖雕门罩，精工细致，为现代砖雕中能见功力的作品。

图 106

图 107

图 108

3. 大石坝街李香君故居

李香君故居媚香楼，在门东武定桥东，原为钞库街 39 号，今地名易为大石坝街 150 号。大厅、花楼与河厅三进，占地 525 平方米。因其地位于夫子庙闹市，故居连其周边被修缮一新（图 109）。现为市文物保护单位。庭院内花木扶疏，建筑错落有致，木装折空灵剔透（图 110、111）。钞库街，因“明置宝钞库于此”得名（［清］陈作霖《金陵琐志》）；李香君，晚明名妓，清人孔尚任《桃花扇》写李香君与侯方域的爱情故事，“借离合之情，写兴亡之感”（［清］孔尚任《桃花扇·卷一·先声》），成为清初传奇双星之一。

图 110　复建的媚香楼大厅。

图 111　复建的媚香楼花楼。

图 109　修缮一新的媚香楼和秦淮河河街。

图 112　蒋寿山故居封火墙高大峻拔，墙上嵌铁扒锔。

4. 三条营蒋寿山故居

蒋寿山故居，在门东三条营 16、18 号，为两路七进坐北朝南房屋，占地 4500 余平方米。围墙从下到上略有收分，墙上嵌铁扒锔以加固墙体，封火墙之巍峨高大，有甚陶姓河房，为城南古民居之最。立于高墙之下，真如仰望城廓。门前一对石柱础，体量硕大，雕刻精美。入内，见两个大院，仪门砖雕门罩已破损。从仪门入内，门厅、轿厅、大厅及骑马楼、厢房等空间格局未损，楼下木雕格扇门、挂牙、挂落、支摘窗及楼上木雕栏杆尚存。住房后原有花园，已残。故居外墙嵌有光绪间营造石碑。蒋寿山，晚清富商，人称“蒋驴子”、“蒋百万”（图 112~114）。有关单位画出效果图，策划将蒋寿山故居改建为门东花园，并将李渔芥子园复制于园内。改建后，是存真、失真还是亡真，目前尚难言说。

图 114　蒋寿山旧居木雕挂牙。

图 113　蒋寿山旧居跑马楼。

(三)老城内其他

1. 半山园王安石故居

王安石故居“半山园”遗址,在今中山门旁海军指挥学院内,为市文物保护单位。王安石退隐后,在此居住了八年,后舍宅为寺,移家秦淮河畔。清末重建半山寺。1984 年海军指挥学院重修,用为书画陈列室和文化活动室。寺分东西二院。西院为正院,前进门厅,后进厅堂;东院为侧院,存房屋三进(图 115、116)。又有半山亭,在半山寺东。

图 115 新修半山园正院入口,线面刻板生硬,造型不中不西,完全失却了古建筑的柔和韵味。倒是老树虬枝甚有画意,传递出些许历史的讯息。

图 116 半山园东院复建的三进房屋,造型强拉硬扯,全无宋式。

图 118　魏源故居东路房屋磨砖门罩保存完好。

2. 龙蟠里魏源故居

魏源故居名“小卷阿”，在今龙蟠里 20 号、22 号，初建于道光间。中路后进山墙、东路两进山墙至今完整，现为南京市文物保护单位。魏源，晚清思想家，著《海国图志》。

22 号为原宅中路之后进，围墙为原宅后围墙，面北小门为今人所凿（图 117）。入内，见后进开间阔大，板壁油漆剥落殆尽，其余各进房屋无存，石阶及火巷青石板均已断裂。院内塞有棚户十余家。

20 号为原宅东路。门东向，双柱磨砖门罩完好未损（图 118）。入内，见对合房屋两进，密匝匝塞满棚户民居 9 户，天井成为省人民医院病房饮食加工点，烟火缭绕，病员家属挤得故居天井内水泄不通。近闻，魏源故居修复工程即将启动。

图 117　魏源故居原后进老屋。

3. 清凉山扫叶楼

扫叶楼在今清凉山公园西隅，传为清初山水画派金陵八家之首龚贤故居，始建年代不详，咸丰间毁于兵火，光绪间重建为善庆寺，1979 年大规模整修后，辟为龚贤纪念馆，现为省文物保护单位。又，笔者读《白下琐言》，甘熙记龚贤故居在清凉山南麓乾河不二庵白莲池。

古扫叶楼突立于清凉山崖际，建筑造型脱尽俗气。沿踏道拾级而上，拱门上嵌“古扫叶楼”石额。过拱门，见林散之书“龚贤故居”石额嵌于壁上。三间九檩硬山楼房两层，底层前有走廊，东有漏窗；二层东西墙上有八角漏窗。后有五间七檩、三间九檩房屋各一进，渐次升起，高台下庭院内，景观丰富。整修后的建筑群充分利用地形，空间或奥，富于变化，是古建筑扩建的成功之作（图 119、120）。笔者在南艺读书期间常登扫叶楼，楼内满陈龚贤真迹，登临极目，令人有怀古伤今、襟怀不禁之感。假山清幽，清泉滴响，每“以其境过清，不可久居”，乃小读诗书而去。今天已是“龚贤真迹何处寻，此地空余清凉山”了。

图 120　扫叶楼新修庭院建筑玲珑，惜乎线脚生硬，缺少古建筑柔和的韵味。

图 119　扫叶楼全景。

（四）江宁区

车出中华门，奔驰于长干桥上，总令人联想起李白的《长干行》、崔灏的《长干曲》，心里涌起无限美妙的遐想。过雨花区，便到江宁。江宁区开发未久，现存古民居比老城内所存原貌完整，雕饰精美的有：杨柳村古民居、孙家边古民居等。

1. 杨柳村古民居群

杨柳村古民居群在江宁区龙都乡西北杨柳村。前杨柳、中杨柳、后杨柳原有36组明清宅院，占地1.1万平方米。近几十年迅速拆毁，现存多路穿堂式建筑17进，为南京市文物保护单位。其中，朱家大院初建于康熙、继建于乾隆间，最为完整。原宅主朱侯昌，传为朱元璋11世孙。此外，尚存“翼圣堂”、“四本堂”等5座明清宅院，建筑布局均已残缺。杨柳村朱姓至今尚占大半，为全村第一大姓。近闻江宁区将斥资900万，对朱家大院进行落架重修，使与青龙山森林公园联成景观带。笔者每闻“落架”，总不免亦喜亦忧。

图121　朱家大院内重重石库门用石巨大，门罩砖雕繁琐刻削。

朱家大院在前杨柳村西，前临杨柳湖。它没有高大的封火墙，也没有显赫的门楼，外观十分简朴。内部则三路四进穿堂式房屋呈中轴对称排列，中轴上有门厅、轿厅、住房，左右轴线有客厅、书房、客房、伙房、杂屋、亭院等，共98间，占地2690平方米（图121）。各路房屋间以风火墙间隔，路面都铺青石板。各厅分别称“礼和堂”、“恩承堂”、“树德堂”、“翼经堂”、“居易堂”等，地坪渐次升高，整饬宏敞。格扇门均被今人易为砖墙，砖墙中部辟有小门，以供出入。偏院围墙有花窗，宅后花园已被今人易为菜畦。东路后进大厅后有小楼两层，不事雕饰，复道回廊，曲折相通，十分简朴。西路三进之后有戏台，西半边供演出，东半边为上、下两层看台。杨柳村古建筑群无论建筑布局还是木作雕刻，都见出对徽式建筑的效仿，其原构保存面积之大、结构之完整、雕饰之精美，南京地区罕有可比者。

每路主厅腰门背后都饰有雕刻工细的砖雕门罩。门罩都作上、下两层垂

图 122　朱家大院后进腰门背后砖雕门罩。

图 124、125　朱家大院腰门石须弥座雕笔、锭、如意，寓意“必定如意”。

图 123　朱家大院腰门石须弥座雕锦袱。

图 124

图 125

图 126　朱家大院大厅梁头和挑檐檩下丁头拱木雕。

图 127　朱家大院屋檐下花板镂雕卷草，开光内雕人物故事。

图 128　朱家大院大厅船篷轩下，梁作贡式梁，减地平起方回纹，开光内雕博古，荷包梁开光内雕山水人物，雕刻精工到位，保存完好，殊为难得。

图 129　朱家大院大厅双步梁和雀替木雕回纹、博古、花草。

花门样式，荷花柱和插穿紧贴墙壁成为符号，见南京砖雕门罩造型简朴的特点；大镶边围裹兜肚与字匾，精细玲珑而见刻削。如东路前进大厅腰门背后砖雕门罩，檐条刻仙鹤祥云，上额枋刻五组莲花间四组斗栱，下压一条二方连续莲瓣，束腰刻花卉，字匾一围刻菊花纹，大镶边刻卍字回纹锦和暗八仙，下额枋刻博古，荷花柱、插穿刻花卉雀鸟。每路后厅腰门背后门罩多为磨砖素罩，即使雕刻也很简括，中路后进腰门背后门罩不存（图 122）。

各路房屋腰门均为石库门，以七块巨石精磨垒叠而成，石地栿、石柱础均作须弥座样式，座上刻锦袱披挂，或刻卍字回纹锦等。如东路前进大厅腰穿门背面石须弥座角柱浅刻竹节，束腰刻方胜、连钱，地袱刻云纹，西侧面刻银锭、毛笔，东侧面刻如意吉祥结，合为《必定如意》（图 123~125）。以巨石精磨垒叠为宅内各进腰门，南京老城内不可寻觅。

朱家大院地处偏僻，又因房屋大木作构件处于高位，其雕刻虽经世事风云，迄今无毫发损。每路中进大厅、后进大厅梁架均为彻上露明造，明间梁架作抬梁式，次间梁架作穿斗式，朝南均设船篷轩。三路中进大厅船篷轩下，望砖一一磨细，贡式梁两端压地平起夔凤回纹，开光内用剔地起突法雕博古、人物、云龙图案，雀替雕花草，荷包梁、象鼻梁头、替木、梁头下丁头栱等，型制与雕刻都仿徽式，屋檐下雨挞板开光内高浮雕人物故事，开光外镂雕花草，雕工精美，为南京地区大木作雕刻之翘楚。后厅梁架雕刻较为简率。如东路中进大厅“礼和堂”，卷棚下贡式梁三面刻博古、人物、花卉，衬以夔凤回纹锦，荷包梁开光内刻人物山水，精美而不刻削，繁密而又井然有序；抱头梁梁头下撑栱圆雕倒挂狮，精工遒劲；花板镂雕方回纹与莲花卷草，工整与玲珑双美并俱。偏室屋檐下抱头梁梁头撑栱镂雕双凤牡丹，加敷彩色，玲珑而不纤巧（图 126~130）。

图 130　朱家大院后厅平梁上下木雕。

图 131　孙家边古民居毛石墙基和大门磨砖门罩。

2. 孙家边古民居

淳化乡孙家边 70 号古民居，为江苏省政协常委、省民进原驻会主委孙观懋祖宅。石库门和砖雕门罩保存完整，雕饰繁满细密，有过江宁杨柳村古民居，在南京老城内外已难寻觅。根据其雕饰风格推断，其年代当距江宁杨柳村古民居未远而在杨柳村古民居之后，为清中晚期遗构。其地靠近江宁大学城，有相当修复价值（图 131）。

孙家边古民居围墙墙基以毛石砌出，高约 1 米。大门饰双柱式砖雕门罩，屋面下饰一排磨砖斗栱、一排砖雕寿字，雕饰简洁。宅内，石库仪门和仪门上方砖雕门罩竭尽雕饰。

图 132　孙家边古民居宅内重重石库门和砖雕门罩。

图 133　孙家边古民居仪门门罩字匾花砖雕楷书“承先启后”，大镶边刻回纹，上悬卷草拐子纹挂落，束腰剔地刻一排寿字。其字最见雕刻功力。

图 134

图 135

图 134、135　孙家边古民居仪门门罩左兜肚砖雕房廊人物，右兜肚砖雕树石人物。

图 136　孙家边古民居石库门门楣石雕寿字翔云与暗八仙，图案繁富，曲线张弛变化，十分优美。

图 137　孙家边古民居石库门须弥座雕卷草、四瓣花草。

图 138

图 139

图 138、139　孙家边古民居石库门石柱雕笔、锭与如意，合为“必定如意”。

图 140　孙家边古民居石门楣雕寿字翔云暗八仙，寓意福寿绵长。

各进仪门均以七块巨石垒叠成石库门样式，造型与江宁杨柳村古民居完全一致。石雕库门上方加饰悬柱式砖雕门罩，上枋压地隐起寿字祥云，下枋压地隐起方回纹穿缠枝莲，束腰刻一排 21 个不同寿字，字匾正中刻楷书“承先启后”，字匾一围刻回纹，左右兜肚以剔地起突法雕房廊人物，下枋所刻回纹缠枝莲最见功力。杨柳村古民居石库门仅石地袱、石柱础雕刻，其余部位素平；孙家边古民居石库门以压地隐起法满施雕饰：石门楣正中刻圆形寿字，左右刻翔云暗八仙；石柱左刻飘带如意、宝瓶梅花，右刻银锭、毛笔、如意与宝瓶荷花，寓意必定如意，连年平安；石门框上刻有《五福（蝠）捧寿》、《鸡鸣富贵》、《凤吹牡丹》等吉祥图案和仰覆莲花、缠枝莲花：雕工繁细而见刻削（图 132~140）。

前进“报本堂”已不存，从边门可以绕入后进。边门石地栿亦作须弥座样式，座上刻锦袱，上方加饰置悬柱式砖雕门罩，枋正中以压地隐起法雕刻《卍字四四（四柿）如意》（图 141、142），端头刻角叶围起吉祥结，左右悬荷花柱。后门饰悬柱式砖雕门罩，雕刻简洁。

图 141　孙家边古民居边门砖雕门罩。

图 142　孙家边古民居边门门罩额枋砖雕“事事(四柿)如意”与卍字吉祥结。

3. 佘村古民居

上坊乡佘村原有多座大型宅院，与祠堂连接成片。村民反映该村“九十九间”建筑三雕，比杨柳村“九十九间半”更有过之。2008 年，笔者与摄影师造访此村，见仅存的一座清代宅院，外墙完整，内部为多户村民居住，破损不堪。为县文物保护单位。

4. 抗日民主政府所在地老屋

横山抗日民主政府旧址在横溪乡，老屋近年经政府修缮。

5. 史量才故居

史量才故居在江宁区龙都乡杨板桥村，原楼房于现代改建为平房三间，砖墙依旧（图 143）。史量才（1880 —1934），近代报业巨擘，《申报》创办人。

图 143　史量才故居。

（五）高淳区

1. 淳溪老街

高淳区淳溪镇初建于宋元。其地理环境三面环水，一面环山，街坊沿官溪河而建，为古代苏、皖、浙三省水路通衢。南宋，政治中心南移，北方大户从固城湖、太湖、石臼湖、丹阳湖沿官溪河来到淳溪；明、清两代，徽商又云集于此，正仪街与通贤街丁字形街接处成为商业繁华区，延伸出崇仁街、宣化街、阜民街、河滨街、永宁街等网状街巷，官溪河上架设小桥多座，官溪河边，水埠、码头三步一架，五步一座，淳溪成为富甲一方的江南水镇，乾隆皇帝称其为“江南圣地”。1984 年，高淳县政府将正仪街两侧与通贤街口长 345 米、面积 41000 平方米范围内的 80 多家店铺、8200 余间民居公布为县级文物保护单位。现在，正仪街两侧与通贤街口已被南京人习称为“高淳老街”，上升为省级文物保护单位（图 144）。

图 144　古风犹存的南京高淳淳溪镇老街。

淳溪老街条石路仍是原貌，其色土红，人称“胭脂石”。沿街店铺和民居多为清代建造。三五家店面共用围墙，一组店面与另一组店面间，以封火墙夹为小巷，老街与小巷组合为蜈蚣形布局。沿街设戏台，巷口设供居民朝拜兼供更夫休息的土地神楼，巷内设过街楼，可见淳溪原住居民生活及民风民情之一斑（图 145）。

淳溪老街上店铺，硬山顶小楼外伸，大于底层，状如人骑于马上，故称“骑楼”。朝街一面楼上装镂空窗格扇，左右墀头层层出挑，线脚进退曲折，起伏变化，砖垛头多加以雕刻。楼檐下多设垂花柱或挂落，左右撑栱镂雕人物故事。由于地皮金贵，墀头、撑栱等构件支撑着骑楼，使骑楼“占天不占地”，屋面出檐约 1.5 米。骑楼不仅节省了店铺的占地面积，为街巷腾出了空间，还为沿街门面遮阳挡雨，增加了沿街房屋的美观，实在是古代江

图 145　高淳老街原貌犹存的木质过街楼。

图 146　高淳老街占天不占地的木构骑楼。

图 147

图 148

图 149

图 150

图 147~150　高淳老街骑楼形形色色的木雕撑栱。

南小镇因地制宜的杰出创造。(图 146~150)朝街门面设木铺搭门,有的利用街道转角,正、侧面均设木铺搭门,有的加设垂花门,有的下设石雕地栿(图 151)。阑额处于门面显要位置,两端多以减地平钑法刻云头,中间锦袱内以压地隐起法刻《五路财神》、《连年有余》、《刘海戏金蟾》和云龙等吉祥图案(图 152~155)。室内布局每多紧凑,前进开店,中进住人,后进临河为作坊或货栈,便于运输货物:前有进路,后有出路。住房开间一至三间,有的纵深三至五进,每进上、下两层,各进之间,以楼阁式天井或天井相连,天井窄小。各进腰门背后设砖雕门罩,后门门罩往往简朴(图 156、157)。

淳溪老街明清街坊完整,在南京老城内已难寻觅;其民居融苏、皖建筑风格于一身,其雕饰较南京老城古建筑质朴粗犷,原汁原味,古意盎然,即修也注意修旧如旧(图 158)。比较修建一新、商业氛围取代了生活氛围的屯溪老街,高淳老街充满原住居民生活气息,堪称原生态保护的范例,无怪社会学家费孝通先生誉其为“金陵第一古街”。

图 152

图 153

图 154

图 155

图 152~155　高淳老街骑楼阑额木雕戏文故事。

图 151　高淳老街民居垂花门。

图 158　高淳老街民居外双狮盘球石雕，既见侧面的狮身，又见正面的狮头，民间刻工超时空的造型观，使双狮憨玩之气如跃石上。

图 156　高淳老街民居临河后门磨砖素罩。

图 157　高淳老街民居内悬柱式砖雕门罩。

2. 民俗博物馆所在老屋

淳溪民俗博物馆,设于老街最大的前店后宅式清代民居内。马头墙高耸,开敞的铺面房后设住房多进。与南京老城民居纵深多大于横阔不同,其横阔大于纵深,纵向腰门设砖雕门罩,横向各进以耳门相通,天井以青石板铺地,中进天井上有楼阁。大厅格扇门精美,厅后设楼梯,楼上厅全仿徽式。偏厅则少有雕饰。门景和圆窗宕外是花园,园内竖砖铺地,十分朴素(图 159~164)。馆内陈列了许多古代砖、石雕刻。高淳砖、石雕刻既有南方砖、石雕刻的精巧,又兼北方砖、石雕刻的深厚朴实。其风格的形成,当与此地为南北通衢、明初朝廷又优选石匠,集中于高淳花山凿石,运到南京建造皇城密不可分。高淳县文保所内,也陈列有高淳各乡搜集来的古建筑砖、石雕刻(图 165~183)。

图 159

图 161 高淳老街民俗馆原古民居内木楼和楼上厅。

图 159、160 淳溪民俗馆所在原古民居,适应沿河街道的线型特点,建筑呈横向铺开。

图 160

图 162　淳溪民俗馆原古民居门景上方砖雕门额。

图 163　淳溪民俗馆原古民居内偏厅。

图 165

图 166

图 164　淳溪民俗馆原古民居花园内宝瓶门景。

图 167

图 168

图 165~172　淳溪民俗馆内陈列的旧砖雕。

图 169

图 170

图 171

图 172

图 173、174　淳溪民俗馆内陈列的旧砖雕建筑构件，所雕鲤鱼等意态生动，堪称绝品。

图 173

图 174

图 175~178　淳溪民俗馆内陈列的旧砖雕建筑构件。

图 175

图 176

图 177

图 178

图 179　淳溪民俗馆内陈列的旧木雕建筑构件，雕和合二仙。

图 180　淳溪民俗馆陈列的旧木雕建筑构件，狮子作拟人化雕刻。

图181 淳溪民俗馆内陈列的旧额木，雕麒麟翔云。

图182 淳溪民俗馆内陈列的旧木雕大梁，包袱锦下刻四方连续圆六瓣锦套六瓣花，线纹清晰，颇见功力。

图183 淳溪民俗内馆陈列的旧木雕格扇，格心镂雕竹叶梅花冰片纹锦，为书房所用短窗。

3. 新四军办事处所在老屋

淳溪老街上的新四军办事处纪念馆，设于清代民居内，门楣、梁架、斜撑等，雕刻都比较简朴（图 184、185）。

图 184　高淳老街新四军办事处旧址原古民居磨砖素门罩。

图 185　高淳老街新四军办事处旧址原古民居额木雕刻。

图 186　绫庄巷 42 号古民居砖雕门罩无毫发损。

（六）查访已拆

南京老城内古民居，凡有蛛丝马迹记载其尚存者，我们都努力作了寻访，发现老城物是人非，“日新月异”，许多历史踪迹已难寻觅，即与十余年前的记录对照，也大异其事了。经寻访，将老城内近期记载尚存而目前已拆的古民居，备案如下：

南捕厅以西未远处安品街20号陈作霖故居已拆毁易为棚户，地面石板全部裂为碎块。

升州路附近评事街绫庄巷31号翁同龢故居已片瓦无存，原址上盖起金榜老年公寓，巷内42号古民居砖雕门罩无毫发损（图186）。

程阁老巷14、16号程国祥故居，于扩建程阁老巷时被拆。

同仁街19号明代状元焦竑藏书楼，于修建地铁前被拆。

集庆门附近营门口陈氏帐房老屋，9号毁于抗战之中，11号四进于1996年被拆，原址上盖起金陵汽运职业技术学校，原巷道亦不复存在，成仙鹤街来凤小区。

门西施府桥31号张姓住宅并花园原址，已建成新型住宅区“桃园人家”。

门西鸣羊街为胡家花园新街拦腰截断，20号王氏帐房两路四进已无迹可寻。

集庆路58、64、70号织锦大户端木、吴贡、闻氏连片帐房各四至五进，于集庆路拓宽时拆毁，门牌亦不可寻。

南抵集庆路，北到洋珠巷，东从中山南路，西抵牛市，门西这一大片明清街坊保存较好的地区，近日已成大片瓦砾场，仅云章公所和颜料坊49号老屋被手下留情，孤零零地兀立于瓦砾堆中。

集庆路北船板巷羊毛衫厂内原有古楠木大厅，近日，船板巷整巷被拆为瓦砾。

牛市25、27号李熙故居，于新盖住宅区皇册花园时被拆。

门东钞库街52号原有清初棋峰试馆河房五进，因建造来燕桥，钞库街被分为两段，南段老屋被彻底拆毁，北段易名为大石坝街，除媚香楼得以翻新外，整街易为新砌建筑。

门东信府河旁白酒坊7号、14号原为汤知府旧宅、卜家旧宅，现已整街拆除。

门东兴隆巷15号知府韩明春住宅，原址上建成新型住宅区“一品庄园”。

马道街43、45号赵武官老宅，43号老屋已拆光易为棚户，45号老屋于上世纪末火灾中焚烧殆尽，仅存庭院内青石板路面和台阶。

剪子巷49号蒋寿山故居六进遗址上，已盖为盲人学校。

太平巷50号蒋寿山故居三进遗址上，已易为郑和公园。

二、会　馆

会馆亦称“公所”，是明清各地外籍同乡、同行自发建立、以相互联络、相互济助、从事商贸事务的社会组织。明初，由于京城商业的发展，类似今天各地“驻京办事处”的机构——会馆，首先在南京出现了。清代，会馆遍及各大商埠。各地会馆建筑往往雕饰讲究，竭尽豪华，以树立本乡形象，突显本乡文化。民国初，西方工商业大举入侵，民族工商业迅速破产，会馆不得不随着民族工商业的破产而落下帷幕。

明王朝迁都后，南京作为江南经济、文化中心，江南贡院又设于此，各地商贾、士子纷至沓来。外籍商贾在南京集资建造会馆，为前来应试的家乡子弟提供住宿，并以此为集散地，经营贩卖商品。其中徽商尤多。甘熙《白下琐言》记，“金陵五方杂处，会馆之设，甲于他省”。据笔者走访及报载，南京曾有福建会馆、泾县会馆、三省会馆、山西会馆、湖南会馆、婺源会馆、安徽会馆、江西会馆、湖州会馆、陕西会馆、山东会馆、太平会馆、庐州会馆、新歙会馆、旌德会馆、新安会馆、贵池会馆、东潜山会馆、庐江会馆、崇明会馆、合肥会馆、云章公所、山东会馆、莆田会馆、潮州会馆、崇明会馆等明清会馆二十余所。南京会馆是明清南京商业繁华的见证，为今人研究南京商贸史提供了实证资料。数百年沧桑，南京会馆建筑仅存以下数处耳耳。

（一）原福建会馆

原福建会馆在今升州路488号，乾隆二十三年（1758年）从羊皮巷迁来现址，拆建水西门广场、拓宽升州路时，侥幸未被拆除，今为天后宫修缮管理处使用，临街大门和带花栱门楼、瓷砖过道为今人新建。

进大门，穿过道，过地穴门，得见古建筑。坐北朝南面阔三间两路厅堂共三进（图187）。

西路二进：前进厅堂九架梁雕饰简易，屋檐下镂雕花板基本完好，长短格扇线条健劲；后进大厅与前进同深，前设船篷轩，望板下蜀柱与月梁雕花；厅内大梁、后檐双步梁、抱头梁均浮雕图案，鼓磩柱础雕花（图188~191）。

东路一进，雕绘满眼：大厅檐口悬“天妃宫”三字匾，12朵花栱上加施青绿彩绘。左右山墙墀头上砖雕完整；屋檐下，上下两条花板，上板浮雕螭龙卷草，下板镂雕山水花鸟，雕刻与彩髹均十分完好（图192~196）。格扇前设石抱鼓一对，抱鼓上高浮雕四狮盘球，疑从原大门移至厅前（图197）。入内，见厅宽11.8米，高9米，进深约17米，与西路两进同阔而进深远有过之，大梁大柱础大方砖铺地，令人

图 187　原福建会馆内景。

图 188　原福建会馆西路前进厅堂屋檐下花板雕鲤鱼跳龙门。

图 189　原福建会馆西路后进大厅轩下梁架雕刻。

有气象沉穆之感。厅前连设双卷棚。第一重卷棚尺度宽大，三间梁枋各设四面花栱20朵，60朵花栱一一完整，第二重轩下栌斗上设圆形枫栱一对，梁架、雀替浮雕。第二重轩稍窄，不施雕刻。柱础有作鼓磴形，有作古镜形，有作鼓磴、古镜复合形，均浅雕花纹(图198~201)。像天妃宫这样厅前连设双卷棚三间卷棚各设四面花栱、并且满眼雕绘、原汁原味的古代建筑，南京老城内已经十分罕见。近日，天妃宫动工重修，笔者又不免平添忧虑。

图 190　原福建会馆西路后进大厅额木雕刻游龙戏云水，气韵游转；平梁浮雕山水长卷，乡村景象宛然如现；蜀柱雕宝瓶；四椽栿雕夔纹拐子锦围起锦袱，锦袱内雕云龙。

图 191　原福建会馆西路后进大厅，蜀柱刻寿字卷草，功力沉厚；额木刻龙戏云水，曲线宛转，有飞扬之势；平梁刻山水长卷，层次繁富；下压一条卍字回文锦。是南京大木作雕刻中不可多得的佳作。

图 192　福建会馆内天后宫，屋檐下斗栱以彩漆髹涂，斗栱下饰两排镂雕花板。

图 193　天后宫墀头砖雕荷花水鸟。

图 194~196　天后宫屋檐下花板镂雕花树亭台楼阁与花鸟山石。

图 194

图 195

图 196

图 197　天后宫厅前石抱鼓，剔地起突法刻狮戏球图案，有旋转的动感。

图 198　福建会馆天妃宫第一重卷棚三间，四面各设花栱，计 48 朵，原汁原味，未经后人染指，实属现存的罕构。

图 199　天后宫鼓磤形石柱础上浅雕线纹已经漫漶。

图 200　天后宫第一重卷棚栌斗上设枫栱，形如乌之双翼、纱帽之双翅。

图 201　天后宫梁枋与雀替、丁头栱木雕。

（二）原泾县会馆

原泾县会馆在门西大百花巷13号、15号等，约建于清晚期。原有沿街五路房屋各进深三至四进，占地总面积约3700平方米，曾经是南京最大的会馆。

15号为中路正门，存厅堂三进，厅堂原入口已用混凝土封死一半，屋檐下一排15朵木制斗栱完好（图202、203）。前厅一半为南京工艺厂办公室，一半为市民搭棚制作秦淮小吃，终日烟熏火燎，梁架雕花为简易顶棚遮挡，古建筑百孔千疮。大厅极为轩敞，屋檐下存镂雕花板，梁架用剔地平起之法镂雕出平纹，殊不多见（图204）。其后为花厅。两厅均被南京工艺厂作车间使用，纸箱、棉毡、灯笼绸缎塞满厅堂，随时有火灾危险。

13号在西，原有两路房屋各四进，现存

图202　原泾县会馆前厅，今人易格扇为墙壁，屋檐下木制斗栱至今完好。

图203　原泾县会馆前厅外檐木构雕刻。

图204　原泾县会馆大厅双步梁木雕用剔地平起之法镂雕平纹，殊不多见。

图206　原泾县会馆门罩砖枋，枋头雕如意卷草，枋上以卍字流水纹围起开光，开光内雕走兽，卍字流水纹雕刻尤见功力。

独院一座。穿过长长的火巷，仪门背后存雕花门罩，作徽派门罩式样，雕工极为精细(图205、206)。过仪门，见厅堂三进，楼厅在最后。各进厅堂均被改建为砖墙小居室。

15号以东原有两路四进房屋，现开四个便门进出，各有天井，为小百花巷1号、3号、5号、7号。格扇门绦环板雕博古，裙板雕线纹如意或山水，花式不一，明显从各厅拼凑，其中一扇裙板雕山水，布局回环，章法讲究，薄雕而能圆浑遒劲，画意刀工俱佳(图207)，功力又在糖坊廊格扇门之上。

图205　原泾县会馆门罩，枋上刻卍字回纹锦，束腰刻卷草。

图207　原泾县会馆东路房屋格扇门雕山水，布局回环，章法讲究，薄雕而能圆浑，画意雕工俱佳，堪称古代小木作装折的极品。可惜仅剩一片，藏在深闺，人未能识。

（三）原三省会馆

原甘肃、青海、宁夏三省会馆，在门西大辉复巷21号。大门楠木门扇被盗，磨砖八字门墙保存尚好（图208）。门洞上方右角牙石雕毛笔和银锭，左角牙石雕如意，合为“必定如意”（图209、210）。门厅梁架完好，屋檐下花板镂雕龙、凤、麒麟及花鸟、走兽等祥瑞图案（图211）。仪门砖雕门楼装饰华美，文化大革命中被拆除。仪门内原有房屋五进，现存前三进，首进前设鹤颈轩，梁头略施雕刻。

图208　原三省会馆磨砖大门。

图209

图210

图209、210　原三省会馆门洞左右石雕挂牙，合为“必定如意”。

图211　原三省会馆门厅屋檐下花板镂雕寿字夔凤纹。

（四）原云章公所

笔者与摄影师在中华门西集庆路与洋珠巷大片瓦砾堆中，发现未拆的古建筑两座。一座坐北朝南，大门后退在门厅金柱位置，前伸的磨砖门墙保存十分完好，门头嵌“云章公所”字匾。入内，见横向铺开的三进房屋。中进三间为厅堂，左进分割为办公室。右进入口门楣上，饰混凝土浇出的中西合璧花卉纹饰，涂以朱漆，十分美观。入内，见院落内有二层小楼，楼梯在外。此房在现存明清建筑中，属于有一定规模并保存完整者，未见文字公之于世。现为秦淮区拆迁办使用。拆迁办负责人态度蛮横，既不让拍照，又拒绝回答问题，摄影师只能隔门偷拍全景（图 212）。后承秦淮区文化局长高安宁先生见告，云章公所建于清代，为云锦交易会所。

图 212　原云章公所结构完好，内部装饰中西合璧，可惜不让拍照。

（五）查访已拆

门西颜料坊 90 号山西会馆，原有大小六个庭院，号称九十九间半，2007 年被拆；钓鱼台湖南会馆，太平天国时易为侍王府，现仅存大厅（见本书《府衙》节）；三山街婺源会馆、油市街安徽会馆、评事街江西会馆、牛市湖州会馆、明瓦廊陕西会馆、陡门桥山东会馆、甘雨巷太平会馆、马道街庐州会馆、钞库街新歙会馆、党家巷旌德会馆、马府街新安会馆、石坝街贵池会馆、夫子庙东潜山会馆、窑湾街庐江会馆、江东门崇明会馆、中华门外西街合肥会馆等，均已不存。

三、府 衙

1853 年—1864 年，太平天国政权定都南京，将多座明清府衙改为王府；湘军破城以后，又彻底铲除了太平天国的“僭越”建筑。南京老城内，明清府衙、太平天国王府及附属建筑，或已经过大规模改建，或残破零碎，阵容整齐的原构不多。

（一）白下路原上元县衙

清代南京曾以内桥为界，为上元、江宁两县同城分治，原上元县衙在今白下路 101 号南京刑警支队院内，现存大堂一座，为市文物保护单位。堂硬山顶，面阔五间，中三间前伸为卷棚，屋檐下花板镂雕粗疏并髹绿漆，槛窗一排，木柱髹以红漆。堂内七架梁，前接人字轩。堂前原有水池与小亭，文化大革命中被拆毁（图 213）。

图 213　原上元县衙中三间前伸为卷棚。

(二)长江路原两江总督衙署

原清代两江总督衙署，在今玄武区长江路 292 号，为两江总督张人骏在明汉王府基础上改建；太平天国时期扩建为天王府；1864 年湘军破城，天王府毁坏殆尽，同治九年重建；1912 年中华民国成立，这里成为临时大总统府：1928 年后，这里为国民政府；1938 年后，为汪精卫政府监察院、立法院、考试院；1948 年，这里又改为总统府。近年几次扩建，为南京中国近代史博物馆、全国文物保护单位。所存清代原构已经甚少。

大门前隔街照壁宽 60 米，近年扩建工程中推倒重建；大门至大堂走廊为原建筑群中轴线，东西两侧为朝房。大堂木构为原构，雕刻仿徽式而甚为简朴；中门石抱鼓参酌了北方抱鼓样式，是清代遗物（图 214~216）。二堂、三堂在原基础上改建，二堂西侧为花厅。西花园东北角有硬山式中式小楼两层，为两江总督张人骏建造，孙中山任临时大总统时在此楼起居。楼前设踏道，楼下设轩廊，轩廊左侧开八角门，轩廊后有木格扇一排；楼上设步廊，装木栏杆，栏杆后装一木格扇一排(图 217)。

图 214　原两江总督衙署木构走廊深远。

图 215　原两江总督衙署大堂梁架，仅“穿”与额木施以木雕。

图 216　原两江总督衙署中门石抱鼓，参酌南北，造型独特。

图 217　西花园内两江总督张人骏造中式小楼，后为孙中山起居处，现为省文物保护单位。

（三）堂子街原太平天国东王府

太平天国东王杨秀清府第在堂子街 88 号，存坐北朝南两路五进院落，现为太平天国壁画艺术馆、全国文物保护单位（图 218、219）。

图 218 原太平天国东王府。

西路原有三进，前进已毁，后两进七架梁三间两厢房屋结构较为完整。入大门，见四方庭院，仪门左右置一对雕花石鼓。入仪门，天井内散落着石碑首、石柱础和木雕构件。房屋两进，木构架上彩绘龙纹已经漫漶，墙壁和板壁上绘有太平天国壁画。前进（即原二进）两房间内石灰墙壁上绘重彩壁画计 8 幅，漫漶不清。有价值的太平天国壁画主要在西路后进（即原三进）：堂屋左右板壁上绘重彩壁画计 8 幅，东壁从南依次为《盆栽瓶花》、《鹤鹿同春》、《绶带蟠桃》、《丛林楼阁》，西壁从南依次为《文房四宝》、《鸳鸯荷花》、《狮子戏球》、《茅亭远帆》；两房间石灰墙壁上，用白描加淡彩绘法，绘巨幅山水楼阁图，东西共计 6 幅，保存最好，描绘也最精，下部稍有剥落，《望楼》画太平天国江防设施，是极为难得的历史写实画面，描绘亦极为出色，代表了太平天国艺术的最高水平。

东路三进房屋原进口，已为杂乱的民房围裹堵塞，今人从火巷另开一处出入。房屋内，壁画大多被毁。据访，有关部门打算拆迁堂子街 86 号、90 号民房，扩建为三路多进建筑。

图 219 原太平天国东王府砖雕悬柱式门罩。

（四）罗廊巷原太平天国王府

堂子街附近罗廊巷17号太平天国王府，原有三间九檩厅堂三进，临街一进被拆，现存大堂一进，屋檐下镂雕花板完好，明间梁下雀替、梁上柁墩、象鼻梁头，无论浮雕镂雕，莫不雕工浑厚腴润，图案圆转，土朱漆光亮如新。东次间白垩壁上绘太平天国壁画云龙等两幅，上世纪80年代，因墙倾重砌而被毁；西次间分割为两户市民居住，地板、天花一一完好，白垩壁上绘太平天国壁画花鸟等三幅，其上曾用白垩涂抹，毁坏严重。现在，南京市文管会以布幔掩护（图220、221）。

图220 罗廊巷原太平天国王府梁头木雕寿字卷云蝙蝠，寓意福寿绵长。

图221 罗廊巷原太平天国王府平架上柁墩、猫梁木雕，修复中髹漆太厚，失却刀味。

（五）升州路原天朝总圣库

现存天朝总圣库建筑，在登隆巷口升州路416号，清代曾为安徽会馆，太平天国时又曾为英王府，1982年被批准为省文物保护单位，现为南京药业公司仓库。升州路336号至360号天朝总圣库其余建筑，均已拆光。

进院，见面阔五间的厅堂三进围成合院，马头墙高耸（图222）。前进大堂屋檐下有斗栱脱落的痕迹，一排抱头梁承托挑檐檩，梁头雕卷云（图223）。大堂内，梁柱完好，堂前设一道鹤颈轩，堂后设两道鹤颈轩，全仿徽式，卷棚下梁架雕花卉纹，每间梁上平盘斗两侧角背雕花，脊檩左右额木雕刻尤为圆活（图224、225），鼓磴柱础左右伸为方形，形如纱帽。第二进厅堂卷棚更为宽大，梁架更为粗壮，梁、柁墩等雕刻花纹如前进（图226）。第三进厅堂除卷棚、梁架雕刻如前外，又于双步梁上增加了曲线造型的"穿"（图227）。

图223　原天朝总圣库第一进梁头木雕。

图224　原天朝总圣库前进大堂卷棚下梁架雕刻。

图222　原天朝总圣库院落。

图 225　原天朝总圣库第一进柁墩、平梁与额木雕刻。

图 226　原天朝总圣库第二进轩下梁架木雕卷草。

图 227　原天朝总圣库第三进双步梁和“穿”之木雕。

（六）金沙井原太平天国干王府及附属建筑

三山街金沙井存原太平天国干王府建筑及其附属建筑。

36号原为汪士铎私宅，太平天国时为洪仁玕干王府及六郡官衙之一，后为城隍庙、崇善堂，存平房四进、楼房一进，占地面积1156平方米，建筑面积923.5平方米，近年全部落地重修，现为秦淮区委党校。

大门坐北朝南，并左右门房三间面街，木门扇髹朱红漆，上饰衔环铺首（图228）。入大门，见庭院，院墙上嵌有“崇善堂”石额。仪门左右饰雕花石抱鼓一对，左右柱下存八角形雕花石柱础三个，刻《三羊开泰》、《眼前见喜》、《福在眼前》、《丹凤朝阳》、《雀（爵）鹿（禄）》、《喜（喜鹊）豹（报）》、《暗八仙》等吉祥图案，雕刻甚浅（图229、230）。

入仪门，见大厅三间与两厢围成合院，大厅雨挞板雕游龙，格扇门雕花简易，梁头雕夔凤纹，雀替雕流云蝙蝠，月梁雕花草包袱锦（图231~233）。后厅面阔五间，上下两层，与两厢围成后院，厅内大梁雕瓶、鼎、卷草等，四根石柱础雕鼎彝、花鸟、蕙草纹样（图234）。大厅

图228　金沙井36号红漆大门饰衔环铺首。

图229　金沙井36号仪门左右八角形石雕柱础上，浅刻《三羊开泰》、《眼前见喜》、《福在眼前》、《丹凤朝阳》、《雀（爵）鹿（禄）》、《喜（喜鹊）豹（报）》、《暗八仙》等吉祥图案。

图230　金沙井36号仪门石抱鼓。

图231　金沙井36号三开间木格扇门大厅。

图232　金沙井36号大厅梁头雕凤舞祥云，雀替雕云纹。

西边有三层小楼一座，楼梯木栏杆髹漆。

34号原有老房三进，临街第一进已改为小店，今人从32号小门出入二、二进。第二进与庭院内塞满简易民房，火巷与末进楼房骨架未损。

30号大门和八字清水砖墙、其后房屋三进保存完整，仪门上砖雕门罩，磨砖挺括精到，可惜已经残缺(图235)。过道通往偏院(图236)。末进楼房尚存雕花简朴的楼栏杆、雨挞板和屋檐下花板、室内镂雕飞罩(图237)，后门磨砖门宕保存完整。笔者第二次去时，磨砖墙被粉上白垩，惨不忍睹。

图233　金沙井36号大厅屋檐下雨挞板雕游龙。

图 234　金沙井 36 号后庭与后厅。

图 235　金沙井 30 号门罩砖雕已经残缺。

图 236　金沙井 30 号内过道。

图 237　金沙井 30 号末进为木楼，雨挞板雕刻尚属完整。

（七）小王府巷原太平天国翼王府及附属建筑

原太平天国翼王府，在建邺路东侧小王府巷5号，后为清真寺，现已废弃，为南京电线电缆厂宿舍。

大门朝北，八字门墙、砖雕门罩和门前一对石抱鼓基本完好，悬柱式门罩上嵌字匾，字已漫漶（图238）。院内塞满“七十二家房客”。水榭厅歇山顶飞檐仍在，其下外墙全部改建；水榭厅西大殿极其高敞，歇山顶飞檐和檐口镂雕花板尚存，外墙改建，今人搭建的小楼与平房像疥疮般挤满殿内，大殿百孔千疮，惨不忍睹（图239）。

小王府巷16号、18号各存砖木结构老屋两进，为太平天国翼王府附属建筑。内部改造已面目全非，外墙仍是当年模样：墙基用青砖砌成横竖交织的芦席纹，称“玉带墙”，墙砖宽厚（图240）。笔者与摄影师惊异地发现，繁华闹市背后的小王府巷，老民居外墙竟然大片大片是又宽又厚又大的明城墙砖砌筑。

图238　小王府巷翼王府原八字门墙、砖雕门罩与石抱鼓。

图239　小王府巷翼王府水榭厅与大殿。

图240　小王府巷翼王府墙基。

图 241　原侍王府大厅。

（八）钓鱼台原太平天国侍王府

原太平天国李世贤故居侍王府，在今中山南路钓鱼台口 119 号南京曙光化工集团院内，明代为孔姓民宅，清代为湖南会馆，多次改建。现存大厅一座，面阔五间，槛墙上装玻璃格扇（图 241）。现租赁给南京服务公司使用。

（九）查访已拆

老城内有记载可查而事实已经拆毁的太平天国王府建筑有：

太平天国赞王府遗址，在马道街 3 号幼儿园内，地面已无遗存。

太平天国干王府遗址，在长乐路 9 号，遗址上建为江苏省邮电学校大楼，现转让给江苏省邮电管理局使用。

李秀成故居忠王府遗址，在中山南路府西街口南京第一中学内，原为江宁府衙，民国十六年首都中区实验学校（一中前身）校长李清悚在遗址上建为和平院，现代重建为坐北朝南的大殿，前有抱厦，东设垂花门，后依古银杏，下置小亭假山，为城南一处仿古景观。

洪秀全第五子洪天佑故居幼东王府（洪天佑承嗣东王杨秀清）、东王杨秀清族弟杨辅清故居辅王府，民国间曾为国货展览馆，上世纪 50 年代以后，为大同被单厂使用，编为建康路 409 号。90 年代，大同被单厂倒闭，移址街对面为门市部，原址上盖起住宅楼和六朝礼品设计制作有限公司。

萧有福故居幼南王府故址（萧有福承嗣南王冯云山），均在建康路 235 号秦淮区第一中心小学内，现已夷为平地，正在动工盖房。

成贤街如意里 40 号、44 号原存太平天国王府三开间五进房屋，内墙上原有太平天国壁画 5 幅，现街道两边均易为商住楼。

江宁织造府西花园遗址在太平北路 19 号，新建江宁织造府及西花园，已在遗址区位竣工。

四、祠　堂

祠堂是我国宗法社会的典型产物，有神祠、宗祠、支祠、家祠、生祠和纪念性祠堂等多种。明清以来，南京四商杂处，八面来风而非家族聚居，所以，南京明清祠堂远不及徽州明清祠堂宏敞华丽，也不兼有徽州明清祠堂学校、会场、公共娱乐场所等综合功能。

（一）老城内祠堂

1. 曾公祠

曾公祠在今白下区九条巷8号，系晚清曾国藩、曾国荃家祠。其墙门与厅堂高阔，庭院舒展，是南京地区较大、较完整的古建筑群落。现为市第三中学使用，为市文物保护单位。

当门，八字形七级屏风式砖细墙门兀然耸立，与其前圆地水池形成刚与柔、实与虚、立与卧的对比，增加了建筑的形式美感，可谓匠心独具（图242）。其中峰高约20米，除左角、右檐口2006年修补外，其余纯系原构。檐口饰磨砖斗栱计七排，砖枋上刻卷草纹，雕、磨均极工整精到；七面鱼鳃墙各以吊角水磨青砖斗合为六角菱纹套锦，四角各以三角形花砖雕凤凰、狮子等禽兽和各式花草，清水砖鱼鳃墙下设巨石基座，中峰下设巨石磨斗而成的石券门，次峰下设线脚精致的拱形磨砖窗宕：巍峨壮观，为南京现存古代砖细工程第一（图243~247）。可惜民国间后补混凝土前廊和廊下爱奥尼柱一对，与原建不尽谐调。从石券门入内，门厅后，两进五开间厅堂与左右廊庑围成两重合院，厅堂间以长条青石甬道通连（图248）。门厅与前进厅堂落地重修，形模未变；后进厅堂九架梁加设卷棚，空间高阔，木、石全系原构：西侧有戏台，各间梁上柁墩、脊檩两侧蝴蝶木精雕细刻，卷棚更是雕梁画栋，鼓磴石柱础亦加以雕刻（图249）。近日揭瓦重修，慎未落架。

曾公祠门前东厢建于1999年，作长短格扇相间的民族样式，其横风窗、短格扇与格扇门雕工精美之至。横风窗作17块横方开光，开光内雕蝙蝠卷草；短格扇作23块长方开光，开光内雕花鸟；12扇格扇门眉板雕蝙蝠缠枝莲，绦环板雕花鸟，镂空格心尤其精美：圆开光内雕人物，蝙蝠、凤凰、喜鹊环绕于上下左右（图250、251）。而木雕反面令人识破机关：原来系木屑压入模具，制成木雕部件，再组装为格扇。笔者以为，化工材料对环境造成污染，理应控制使用；而用木材渣屑代用以节省木材，满足现代社会的大量需求。这一现代工艺，不可以“假”字一概排斥。

图 242　曾公祠七级屏风式砖细墙门为清代原构，墙门前水池一方，刚与柔、实与虚、立与卧对比，平添形式美感。

图 243　曾公祠砖细墙门上磨砖斗栱，磨洗极为工整，额枋刻卷草纹，兼得工整生动。

图 244

图 245

图 244、245 曾公祠砖细墙门，以磨砖丁头栱承托花砖，右花砖或为后补。

图 247 曾公祠门枕石，如西方石构建筑般黝黑厚重，造型参酌西式，令人联想起特里尔罗马时期的石构教堂大黑门。

图 246 曾公祠磨砖门墙下石券门取料厚重。

图 248　曾公祠庭院内，青石板甬道完好。

图 249　曾公祠大殿正在重修，慎未落架，木雕犹存。

图 250

图 251

图 250、251　曾公祠东厢长、短格扇木雕模压而成，气韵尚属生动，雕模者当为高手。

2. 李鸿章祠堂

李鸿章祠堂在今白下区四条巷77号，初建于1901年，为光绪皇帝受慈禧之令为李鸿章所建的生祠，原有殿堂、厢房48间及亭台楼榭、花园鱼池等，占地8000平方米。现存东路照壁、头进、后进大殿并西路拱门与房屋两进，分别为金陵画院、南京军区后勤部工程总队使用，仍不失为南京地区较大的古建筑群。现为南京市文物保护单位。李鸿章，晚清洋务运动代表人物。

祠堂于徽式中见西方建筑影响。东门墙、西门墙与照壁围起前庭，照壁面对大厅，高约10米，阔大完整，其上砖雕用白垩封存，西门作拱门样式，石须弥座上，四根砖柱下设石柱础，中西杂陈，装饰华美（图252、253）。

图252 李鸿章祠堂前庭对面宽大的照壁。

图253 李鸿章祠堂东西两路间建筑与庭院以拱门相通，石须弥座上立四根砖柱，石柱础雕作宝鼎形。今人用砖将门堵死，涂以白垩。

图 254 李鸿章祠堂梁头雕刻。

东路头进大殿面阔七间，进深九檩，中三间前伸，外檐设斗栱 15 朵，斗栱上髹绿漆，梁头雕刻简易，两边墀头砖雕房廊人物(图 254~257)。临街一间被拆毁，现存大殿已不对称。木雕格扇被易为砖墙和木格扇门。殿内设内檐斗栱 15 朵，斗栱上髹褐漆。前双步梁雕房廊人物，童柱作宝瓶形，柔曲的“穿”从童柱中穿过(图 258、259)。地面为今人抬高，石柱础被埋入地下。第二进享殿已不存，原址上盖起楼房。第三进为宝殿，梁上雕龙绣凤又加金髹，斜撑雕菩萨，石柱础亦加雕刻。殿内存石碑一块，刻光绪皇帝建祠诏书。

西路房屋两进，从前庭西门进入。门内原有偏殿三进，第一进不存，二、三进已破蔽不成院落，梁枋木雕尚存。

图 255 李鸿章祠堂外檐斗栱。

图 256、257 李鸿章祠堂墀头花砖，布局繁满，精细兼得浑厚，为古代砖雕之上品。

图 256

图 257

图 258

图 258、259　李鸿章祠堂大厅内双步梁木雕山水人物，柔曲的"穿"从蜀柱中穿过，蜀柱雕五福捧寿。

图 259

图 261　曾国藩家祠大堂轩梁木雕。

3. 曾国藩家祠

曾国藩家祠在孝顺里附近荷花塘12号，存大殿一进，外观已经改建，梁架木雕保存完好。现为颜料坊小学使用（图260、261）。

4. 颜鲁公祠

颜鲁公祠是今人所建纪念颜真卿的祠堂，在清凉山麓乌龙潭边、今广州路223号，是后人所建纪念颜真卿的祠堂，原建于清同治七年，三进房屋，计22间。颜真卿任升州（南京）刺史兼江宁军使时，凿放生池名“乌龙潭”，并作碑铭与序，后人因以在池旁立祠。1990年修复为坐北朝南祠堂二进，门额刻“颜鲁公祠”（图262），壁间嵌碑刻七块。小山房、放生井亭、碑廊为今人新建。颜真卿，字清臣，开元进士，曾任平原太守、监察御史等，官至吏部尚书、太子少师与太师，封鲁郡开国公，世称“颜平原”、“颜太师”、“颜鲁公”，安史之乱中大义凛然，为国蹈火捐躯。其书大气磅礴，世称“颜体”。

乌龙潭公园内，方苞纪念堂为近年移址新建，本书不录。原方苞教忠祠在龙蟠里14号，建于乾隆七年，1997年被拆除。方苞，清桐城派文学家。

图 260　曾国藩家祠仅存大堂外观。

图 262　今人重建的颜鲁公祠大门与门墙，线面刻板，全无古建筑韵味。

（二）高淳吴家祠堂

高淳县淳溪镇地处偏远，吴家祠堂得以完整保存。建筑群初建于乾隆间，存前厅、享堂、戏台三进，1989年落架重修。现为新四军一支队司令部展览馆使用，为南京地区现存最大的家祠（图263）。

吴家祠堂无论享堂、戏台，都见出对徽式祠堂的模仿。大门青砖磨细拼花匾墙完好无损。入内，前厅五柱七檩，穿斗式梁架露明，格扇门绦环板雕麒麟、耕牛等，裙板雕宝瓶牡丹、夔龙等。享堂面阔三间，副阶后设双船篷轩，后设单卷棚，梁架新旧构件杂陈，满施雕刻：梁眉刻卷草流转，线纹清晰，栌斗刻作徽州建筑的平盘斗式样，柁墩亦仿徽式雕刻，斜撑雕人物，雀替雕夔凤花草：是南京地区大木作雕刻的精彩之作（图264）。

图263　重修后的高淳吴家祠堂。

图265　高淳吴家祠堂石柱础雕作宝鼎形。

图264　高淳吴家祠堂阑额包袱锦木雕夔龙寿字。

图 266　高淳吴家祠堂戏台名观乐台，结构全仿徽式。

图 267　观乐台屋檐下设十四朵花栱，每朵花栱前，镂云龙纹枫栱一对，梁头圆雕作龙头，阑额浅雕山水人物，变化丰富。

享堂内外石柱础雕刻作宝鼎造型，宝鼎上雕回纹、吉祥结和人物故事（图 265）。享堂格扇门为新刻，腰板刻《戏彩娱亲》、《鹿乳奉母》、《卧冰求鲤鱼》等二十四孝故事，在仿古之作中，属勉力尚可观者。

后进为戏台，台面呈凸字形，上下两层，主台面阔三间，进深九檩，左右设子台，宽 6.6 米。歇山顶飞檐翘角，屋檐下设花栱 14 朵，每朵花栱前，设云龙纹枫栱一对，梁头圆雕作龙头，十分精美；屋檐下斜椽雕人物走兽；阑额正中开光内刻人物故事。主台太师壁浮雕《双凤牡丹图》，内顶正中圆形藻井浮雕《双龙戏珠》。四角荷花柱垂木雕花篮四只（图 266~270）。

图 269　高淳吴家祠堂观乐台斜撑与雀替木雕。

图 268　高淳吴家祠堂木构梁架上布满精美雕刻。

图 270　高淳吴家祠堂观乐台主台金柱之间，置浮雕《双凤牡丹图》太师壁。

图 271　夕阳残照下的江宁孙氏宗祠。

（三）江宁祠堂

图 273　江宁孙氏宗祠石雕牌坊阑额刻《双龙戏珠》。

1. 孙氏宗祠

江宁王墅村在方山附近，孙氏宗祠初建于清代，建筑面积2300平方米。前依一泓池水，后以方山为屏，外观基本完整。宗祠墙外，枯藤缠绕；墙内，老树苍然；周围，荠麦青青：愈见历史的苍茫厚重（图271）。此祠堂为江苏省政协常委、省民进原驻会主委孙观懋

图 272　江宁孙氏宗祠东侧门前石雕牌坊。

祖祠。清代，孙氏高祖有良田万顷，人称“孙百万”。

孙氏宗祠所用石材之大、之伙，为南京地区罕见。宗祠东侧门前立一座毛石雕单间双柱牌坊。上、下枋以剔地起突法高浮雕双龙戏珠，匾墙以压地隐起法刻卍字纹，中刻“节孝坊”三字。石地栿作须弥座样式，以压地隐起法刻卷草（图 272~274）。牌坊左、右围清水砖砌八字门墙。

从东侧门进去，见前庭，一排石勾阑将池水与前庭隔开，栏板与寻杖间刻石雕花瓶撑，基座刻如意飘带吉祥结（图 275）。祠堂外墙以毛石砌墙基，高约 1 米。门厅前各有两块直径约 1 米的鼓形拴马石，石狮已移江宁科技园。门厅和两厢基本完好，阑额上，数朵木构花栱一一完整（图 276、277），左右垛头砖雕已残。中庭已成荒院，后进房屋倾颓。

穿过前庭，从西侧门出去，西侧门前立有一座毛石雕单间双柱牌坊，不施雕刻（图 278）。

图 274　江宁孙氏宗祠石牌坊地栿雕卷草。

图 275　江宁孙氏宗祠前石雕勾阑。

图 276　江宁孙氏宗祠木构门厅。

图 277　江宁孙氏宗祠外檐斗栱和浅浮雕阑额。

图 278　江宁孙氏宗祠西侧门前未施雕刻的石牌坊。

图 279　潘家祠堂侧立面。

2. 潘家祠堂

佘村潘家祠堂在江宁上坊东北，初建于清代。大门南向，前拥池水，后依青山，东西向马头墙高耸（图 279）。厅堂三进，西阔各三间，内外结构完整。门厅三间，上设卷棚，卷棚下梁架雕花。明间为外敞之门厅，次间为门房。大门与左右余塞墙呈一字形，额枋上设斗栱三攒，门两侧置雕花石鼓（图 280）。门厅后屋批下，单部梁和“穿”雕花粗疏。屋批不像北方外接勾连搭，而是接一间竖向短卷棚，卷棚下梁架雕花。它使门厅与大厅上下通连，主客不必有淋雨之虞，同时使两间门房后开窗，各对一方小天井，整个祠堂不必外墙开窗，有效地解决了通风、采光、安全等问题。雨水顺着卷棚屋面下落到大天井，又有效地避免了勾连搭的积水问题（图 281）。大厅前后各开圆形地穴。过地穴门，见大厅为带卷棚七架梁，平梁与四椽栿用材硕大，梁上各刻包袱锦，包袱内外刻花草（图 282）。出地穴，过天井，到后厅。后厅结构与大厅全同，平梁与四椽栿雕刻似更精美，一对雀替镂雕玲珑（图 283、284）。潘家祠堂现由佘村居民委员会使用，为县文物保护单位。

图 280　潘家祠堂门厅石抱鼓。

图 281　潘家祠堂门厅与大厅间设竖向短卷棚一间，有效地解决了通风、采光、安全、积水诸问题，又使主客从门厅到大厅，不必有淋雨之虞。

图 282　潘家祠堂大厅卷棚下梁架，造型与雕刻全仿徽式。

图 283　潘家祠堂平梁与四椽栿雕刻精美，雀替镂雕玲珑。

图 284　潘家祠堂后厅雀替，以镂雕精工的花果与硕大饱满的葵花对比映衬。

3. 孙氏祠堂

淳化乡孙家边孙氏支祠，存门墙与墀头花砖，内部建筑已毁（图285、286）。

图 285　孙家边孙氏支祠。

（四）查访已拆

江宁明杨氏贞节牌坊，本世纪初建造东南大学新校园时，被夷为平地。

图 286　孙家边孙氏支祠墀头砖雕牡丹山石。

五、书院及相关建筑

六朝以来，南京就引领江南文采风流，人文荟萃，文风昌盛。明清两代，这里又是乡试、会试之地，有全国规模最大的科举考场。南京老城内，在在应有与文人读书、应考、刻书、编书有关的书院等明清建筑。如今存世者，已如凤毛麟角。

（一）原江南贡院

江南贡院在夫子庙东北侧金陵路1号，始建于南宋孝宗乾道四年（1168年），初为县学、府学考试场所。朱元璋定都南京后，乡试、会试都在南京举行。燕王朱棣登基后迁都北京，南京作为留都，改建

图287　明远楼三层，四角攒尖顶，是原江南贡院内唯一存世的明代砖木建筑。

图 288　原江南贡院内飞虹桥为明代原构，现划入中医院地界。

贡院，扩大规模，明清两代不断扩建，同光间，江南贡院成为号舍 20644 间、占地 30 万平方米的考场，与北京顺天贡院分别称为“南闱”、“北闱”。光绪三十一年废科举，江南贡院从此荒废，民国时为南京市政府所在地，今为江南贡院历史陈列馆。

原大门朝南，正对照壁，大门与照壁间是广场，广场两侧设东西辕门。正门门厅五间，东西各立一对石狮；仪门五门并立；第三道门称“龙门”，正对明远楼，穿过明远楼，到致公堂，堂东西分别建有监临、提调、监视、巡察的各堂及起居院落。致公堂后是慎戒堂，后檐墙设“外帘门”。外帘门外，水池上架设“飞虹桥”。过飞虹桥，入“内帘门”，有花园和“衡鉴堂”——主考官阅卷及起居的院落。最后是以号墙、号巷间隔的考试号舍。内帘、外帘两区以飞虹桥为间隔，使内外官员不得沟通，不能舞弊；贡院外，两道高墙夹峙，四角建岗楼，围墙外贡院街上，不准百姓搭建房屋，以防内外沟通。

贡院内现存古建筑有：明建、清修的明远楼，在原贡院中心（图 287），为正方三层重檐歇山顶砖木结构，用于登高发号施令，监视号舍；飞虹桥，石栏板雕花精美，宝瓶撑造型饱满，桥面石块碎裂，上置原贡院石柱础，今已划入市中医院地界（图 288、289）。牌坊、门厅、陈列馆和号舍，均为近年新建。

图 289　飞虹桥俯莲柱头，宝瓶撑圆满，栏板刻卷草。

（二）原惜阴书院

图 290 惜阴书院旧址上的陶风楼。

惜阴书院旧址在今龙蟠里 9 号。清道光间，两江总督陶澍建此书院，同治五年修，后为上元县高等小学堂，光绪三十四年（1908 年），江苏巡抚端方改建为江南图书馆，1909 年，建民族风格的建筑陶风楼，1929 年更名为江苏省立国学图书馆，1963 年按原样改建。它是我省最早的公共图书馆。图书从私藏变为共享，是国民意识从古代跨入现代的重要一步。现为南京图书馆特藏部使用。

陶风楼原有朱漆大门，兽形铺首，门墙水磨青砖，门两边设狮形石鼓，门厅后两进围成合院。门厅于近年拆除两进房屋完好。陶风楼 11 开间，黑瓦红柱，上下两层，房屋 44 间。楼下设副阶，前有垂带踏跺三出陛；楼上副阶设护栏，屋檐下雨挞板浮雕精美，雨挞板下饰镂雕挂落（图 290、291）。

图 291 陶风楼檐口雨挞板雕饰融入了泊来因素。

（三）崇正书院

崇正书院在清凉山公园东侧山岗上，明嘉靖间南京督学御史耿定向建以讲学，原构已毁，现有建筑为1982年重建。它使渐染市俗之气的今日清凉山公园，尚存飘溢的书卷气息。

书院前、中、后三进。前厅兼作门厅，门口置石雕抱鼓（图292）。前庭东西游廊壁上嵌漏窗和历代文人咏南京诗文碑刻。中庭东侧置重檐四角攒尖顶小亭，亭内有古井一口，西侧置“江天一线阁”（图293）。登踏道，后殿踞于露台之上，前置水池一方，三只出水口雕作龙头并列（图294）。前后厅大小木作上有简单雕刻。

图292　崇正书院门厅及石抱鼓。

图293　崇正书院内唐代古井及井亭。

图294　崇正书院后殿前水池上石雕龙头出水口。

图 295　原上江考棚全景。

（四）原上江考棚

原上江考棚在今白下路 193 号市第六中学内，初建于同治间，“为安徽诸生录科之所”（[清]陈作霖《金陵琐志》），1978 年拆毁，仅留明伦堂。1947 年改名“行知馆”，现为市文物保护单位。

明伦堂硬山顶面阔五间，正脊砖雕一对游龙（图 295）。中三间前伸为卷棚，梁头雕刻粗疏并髹红漆，屋檐下镂雕花板髹绿漆（图 296、297）。副阶红漆木柱下，八只八角形石柱础保存完好，其上浅浮雕梅兰竹菊、四季花草等图案（图 298）。厅内轩下，大梁、柁墩浮雕龙马图案并加彩绘。厅内石柱础，八面浮雕图案无一相同。建筑木构用大漆髹涂，脱落处做灰、披麻历历可见。

图 298　原上江考棚八角雕花石柱础。

图 296　原上江考棚外接卷棚。

图 297　原上江考棚木雕梁头和屋檐下镂雕花板。

（五）周处读书台

周处读书台在门东老虎头44号，为市级文物保护单位。现存白垩起花、灰垩涂抹的砖门楼，为近代中西合璧风格。院内残留有数级台阶，阶旁似见赤石。拾级而上，原厅堂已易为破败拥挤的民居，只有伸向天井的前檐依稀可见往日消息。周处，三国吴至西晋人，年少时“为乡里所患”，经陆云劝说，愤而读书，“终为忠臣孝子”。事见南朝刘义庆《世说新语》。

周处读书台所在的山包，古名赤石矶，秦淮河水流经矶下，史载其“高接城巅，下俯赤石矶，左带芳园，高林秀木翘楚竞茂，右凭南岗，丹崖霞驳有若绩焉！”（[清]余宾硕《金陵览古》）明初高筑城垣，将其一剖为二于城墙内外；民国间，台下犹“有古柏庵，黛色苍皮，枝柯岑郁”（[民国]《首都志》）。今天，周处台已完全淹没在弯曲逼仄的小巷内，复原昔日光景已绝无可能，重建又无法拓展空间。近闻有关单位将拆毁大片民居以“复原”此景。岂不闻赤石矶已在高筑城墙时铲为土堆，没有了山水相依，如何重现当年光景？笔者以为，与其造新毁旧，不如收拾遗迹，令人发思古之幽情（图291）。

图299　周处读书台残存近代门楼，院内原厅堂已易为民居，一片狼藉。

（六）金陵刻经处

金陵刻经处在今白下区淮海路35号延龄巷口，建于清同治五年（1866年），存祇洹精舍、深柳堂、居士墓等。作为我国第一家由私人创办的集经书收藏、雕刻、印刷、流通及研究于一体的佛经出版机构，金陵刻经处清末至近代享有盛誉。现为省文物保护单位。

祇洹精舍建于1907年，为佛教学堂，蝴蝶瓦覆悬山顶，门廊前伸，三面饰镂花挂落，门廊后装木格扇门。深柳堂，蝴蝶瓦覆悬山顶，装木格扇门。庭院内有金陵刻经处创始人杨文会居士墓，作喇嘛塔形（图300、301）。

图 301　金陵刻经处院内杨文会居士墓仿喇嘛塔造型。

图 300　雪后金陵刻经处全景。

六、寺　庙

东吴赤乌十年(247 年),西域高僧康僧会在花露岗之侧造建初寺,为江南最早的寺庙,也是南京最早的佛教建筑。南朝,宋明帝刘彧、梁武帝萧衍、梁简文帝萧纲都笃信佛教,梁武帝时,“都下(建康)佛寺 500 余所,穷极宏丽”([唐]李延寿《南史·卷七十·郭祖深传》),唐人杜牧有诗道,“南朝四百八十寺,多少楼台烟雨中”。清末,孙文川、陈作霖编《南朝佛寺志》,收录有名可考的南朝佛寺 226 座。朱元璋移址重建灵谷寺与天界寺;永乐间,成祖于南门外建报恩寺:成为南京明初三大寺庙。据成书于万历年间的《金陵梵刹志》记载,明晚期,南京有大小寺庙 160 所,灵谷、天界、报恩三大寺仍然居首,栖霞、弘觉、牛首、静海、能仁五大寺继之。

佛寺在我国,初期型制不定,南朝人舍宅即可为寺。自佛塔进入我国,寺庙便以塔为中心,发展为前塔后殿,隋代改为寺塔并列,南宋开始,另建园林式的塔院。从此,我国寺庙形成以殿式建筑为中轴,以园林、经堂等为偏院的建筑模式。寺庙都建于山川形胜之地,香客游览,香火旺盛,使寺庙同时成为重要景观,明代“金陵十八景”、清代“金陵四十八景”中,约三分之一是佛寺所在地。寺庙中的佛塔垂直耸立,与平面延展的建筑群形成对比,屋顶—斗栱—平坐(挑廊)的节奏重复,构成从下至上缓缓内收的优美韵律,塔在我国演变成为登高远眺的风景建筑,成为风景的靓点或城市的标志。

(一)老城内寺庙

1. 净觉寺

净觉寺在今升州路 28 号,始建于明洪武二十一年(1388 年),同光间重建,1985 年重修,是南京现存最早的清真寺,为市文物保护单位。

净觉寺建筑采用中国传统的砖木构架。临街山门南向,为三间四柱石柱砖枋牌楼门,门墙石、砖混砌,砖雕繁缛精细:正间檐下有砖雕斗栱六攒,两次间檐下各有砖雕斗栱五攒。正间拱券门上方以穿枝桃为衬托,砖雕三条游龙,簇拥“敕赐”二字匾;次间拱门檐下砖枋雕莲花、卷草、万字回纹、吉祥结等纹样(图 302~304)。

穿过砖雕牌楼,到第一进院落,见望月楼。向左折行,到第二进院落,见硬山客堂和讲堂,讲堂饰垂花门(图 305)。往左穿过洞门,

图 302　净觉寺砖雕门楼。

图 303　净觉寺门楼正间，三条砖雕游龙簇拥字匾，字匾刻“敕赐”二字。

图 304 净觉寺门楼次间砖雕莲花、卷草、卍字回纹与吉祥结，卍字回纹雕刻最见功力。

见客厅、蝴蝶厅和礼拜殿。客厅面阔、进深各三间（图 306）；蝴蝶厅前设垂带踏跺，花罩、夹堂板镂雕葡萄、花草极为精美（图 307~309）；礼拜殿坐西朝东，系光绪原建：其平面略呈十字，四边副阶，前接走廊，歇山顶正脊砖雕图案和“无像宝殿”四字，明间后壁后伸出祭坛一间，内置图龛（图 310、311）。前院墙东角碑亭内，嵌有洪武二十一年建寺碑刻（图 312）。

图 305 净觉寺讲堂垂花门。

图 306 净觉寺客厅。

图 307 净觉寺蝴蝶厅前置垂带踏跺，副阶柱间设美人靠。

图 308 蝴蝶厅挂落式飞罩镂雕松鼠葡萄纹，虚实相映，十分优美。

图 309 蝴蝶厅屋檐下花板镂雕水仙，摇曳多姿，玲珑剔透。

图 311　净觉寺礼拜殿屋脊砖花。

图 312　净觉寺碑亭内明代碑刻。

图 310　净觉寺礼拜殿副阶周匝，殿内明间外延为图龛，与前接走廊整体布局接近十字，龛内雕伊斯兰教经文。

图 313　静海寺明天妃宫碑。

2. 静海寺

静海寺在下关区热河路，原建于明初，永乐皇帝为褒奖郑和第二次下西洋平安归来、并陈列其带回的奇珍异宝而建，赐额“静海”，以寓四海平静，并建天妃宫，感于天妃庇佑郑和平安归来，立天妃宫碑，现为省文物保护单位（图 313）。1842 年，中英两国政府在此签订了我国近代史上第一个丧权辱国的条约《中英南京条约》，从此，中华民族跌入半封建半殖民地的深渊。为牢记民族耻辱，上世纪 90 年代，南京市政府重建静海寺。现为市文物保护单位。

寺外冲天柱式三间四柱牌坊和寺内郑和纪念堂，纯系新构，由潮音阁、戏台等组成的原天妃宫，系复原之作（图 314、315）。天妃宫内，陈列有原建筑雕刻构件（图 316）。

图 316　原静海寺拆卸下来的砖雕构件真美！

图 315　静海寺天妃宫内复原的戏台，屋面短饤堆砌，造型头重脚轻。

图 314　静海寺内复原的天妃宫大殿，缺少古代建筑屋面曲线的柔和韵味。

3. 鸡鸣寺

鸡鸣寺在今鸡笼山麓，初建于南朝梁大通元年（527 年），称同泰寺，梁武帝在此出家。当时有“浮图九层，大殿六所，小殿及堂十余所”（《舆地志》），“楼阁殿台，房廊绮饰，凌云九级，俪魏永宁”（《历代三宝记》）。明代洪武二十年重建，朱元璋赐名“鸡鸣寺”。咸丰

图 317　鸡鸣寺建筑群空间有疏有密，轮廓起伏跌宕，成为玄武湖畔的风景靓点。

图 318　鸡鸣寺中路毗卢殿和两侧大殿。

间毁于兵火。现有建筑为杜顺宝先生设计、1979年重建。

重建后的鸡鸣寺依山取势,东路有凭虚阁、客堂、法堂、景阳楼、豁蒙楼等,中轴上有山门、弥勒殿、毗卢宝殿、药师塔等,西路有寮房、斋堂等。整个建筑群轮廓起伏跌宕,成为覆舟山腰、玄武湖畔的风景靓点、南京地区最为出色的现代复古建筑群(图317、318),豁蒙楼更是观赏湖光山色的最佳所在。寺内药师塔,建于1990年,七级八面,高44.8米(图319)。寺后东侧有亭,亭内有六朝遗迹胭脂井。隋克台城,陈后主与张丽华、孔贵妃藏身于华林园内景阳楼畔枯井内,为隋军拖出,张、孔胭脂之痕留于石井栏,后人因名此井为"辱井",又名"胭脂井"(图320)。

图319 鸡鸣寺内高耸入云的药师塔,不仅成为市内风景的靓点,在紫金山麓、在玄武湖畔,都可以见到它靓丽的身影。

图320 鸡鸣寺后六朝胭脂井及新建井亭。

4. 原武庙

原武庙即明初文庙，在今北京东路43号。洪武间，在鸡笼山麓造庙十座，文庙为其中之一，清代易为江宁府学，咸丰间毁于火，太平军战事中用作屠宰场。战事以后，曾国藩、李鸿章建言：屠宰场亵渎孔圣，将文庙与江宁府学迁至朝天宫，而将文庙改建为武庙。今存重檐歇山顶大殿与左右配殿。殿面阔七间，进深九檩，雕梁画栋，副阶周匝，露台宽阔，前有三出陛御路踏跺，气象端庄浑穆。现为南京市政协使用（图321~324）。

图321　原武庙大门作三门并列牌楼式样。

图322　原武庙大殿矗立于三出陛宽阔露台之上。

图 323　原武庙大殿屋檐下挂落式飞罩。

图 324　原武庙副阶轩梁下彩绘。

图 325　毗卢寺全景。

5. 毗卢寺

毗卢寺在今汉府街 6 号，初建于明嘉靖年间，清同光间扩建为江南著名古刹，文革中被毁，遂成废址。现存天王殿、观音殿和藏经楼，为同治后重建（图 325）；万佛楼为主体建筑，层层重檐，前设抱厦，建于 2003 年。

6. 瓦官寺

今人在花露岗旁第二机床厂东晋瓦官寺遗址旁新建瓦官寺，环境逼仄，油漆簇新，全无古寺之风。寺内存清代残石雕（图 326、327）。

图 326、327　今人在花露岗旁第二机床厂东晋瓦官寺遗址旁新建瓦官寺。环境逼仄，油漆簇新，全无古寺之风。寺内存清代残石雕。

图 326

图 327

图 328　夫子庙原大照壁在秦淮河对岸，秦淮河被巧借为泮池，是古人将建筑与河道风光完美结合的典范，值得今人效法。

7. 夫子庙

夫子庙即孔庙，在城南文德桥东秦淮河北岸，初建于宋景祐元年（1034 年），系建康府学遗址，清为上元、江宁两县孔庙与县学所在，从此，孔庙与学宫合而为一。咸丰时毁于兵火，同治间重建。照壁、泮池为明代遗构。泮池巧借秦淮河道开凿，池边石栏原建于正德间，今人重修。从泮池向北，沿中轴依次展开天下文枢坊、棂星门、大成门及两侧廊庑、大成殿、明德堂、尊经阁，均为上世纪 80 年代复原重建。

照壁在秦淮河对岸，建于明万历年间，宽 110 米，高 8 米，厚 1 米余，红墙上饰金龙，是南京乃至全国最长的照壁（图 328）。棂星门作三间冲天柱牌坊式样。大成门前置石鼓，门廊立有石碑，碑座雕刻精美（图 329）。大成殿重檐歇山顶面阔七间，白石露台围以石雕栏杆，石阶间丹陛石雕双龙纹（图 330、331）。穿过"东南第一学"门厅，为第二重庭院，明德堂九开间，堂侧有重檐攒尖顶的仰圣

图 329　大成门门廊石碑座刻仰覆莲纹与卷草。

习礼亭(图 332)。魁星阁在孔庙外广场东,始建于乾隆间,1981 年重建(图 333);聚星亭建于 1984 年,与魁星阁东西相望。现在,“夫子庙”已经成为南京市民对以孔庙为中心的繁华商业区的代称。

图 330 夫子庙大成殿及殿前露台和御路踏跺。

图 331 大成殿御路踏跺嵌丹陛石,雕《江山一统》吉祥图,为新刻中的佼佼之作。

图 333 夫子庙外魁星阁,1981 年据乾隆间建筑复建。南京地域的原建,屋角是否如此之高地昂然翘然?

图 332 从夫子庙内“东南第一学”门厅进入,其内有明德堂、仰圣司礼亭等建筑。

图 334 端庄肃穆的原灵谷寺无梁殿。

（二）老城郊寺庙

1. 灵谷寺

钟山脚下灵谷寺，前身为天监十四年（515年）梁武帝在独龙阜所建开善寺，后代易名为“太平兴国寺”、“蒋山寺”。洪武十四年（1318年）朱元璋建孝陵，将蒋山寺迁至钟山屏风岭下，以供孝陵香火，更名为“灵谷寺”，赐“天下第一禅林”匾。其盛时，殿宇如云，康熙、乾隆皇帝曾数度造访。太平军战事中，灵谷寺建筑多化为灰烬，今人于灵谷寺遗址上建为灵谷公园。

入乌头门不远，见迎驾桥。山门前有半圆形放生池，旧称“万工池”。山门原构五楹，现易为三楹拱门。门侧密林中有石龟趺，为明朝旧物。门前石狮一对，亦为旧物，雕刻极其精到。入山门，见无梁殿，是我国现存年代最早、规模最大的一座无梁殿。殿初建于洪武至嘉靖间，民国重建，重檐歇山顶，高 22 米，长 53.8 米，进深 37.9 米，全以砖、石砌成，前后檐墙厚近 4 米，上檐饰单昂单翘五踩斗栱，下檐饰平昂三踩斗栱，无梁无椽，结构坚固，气势雄浑。因供无

图 335 灵谷寺遗址内移址保存的萧梁宝公塔。

图 336　今灵谷寺（原龙神庙）山门。

量寿佛，又称“无量殿”，殿内前、中槽之间，各设圆券洞五个（图334）。松风阁建于原大律堂遗址，国民革命军阵亡将士纪念塔建于原中轴线末端宝公塔遗址，系民国间仿古建筑。宝公塔系梁武帝女儿永定公主为纪念南朝高僧宝志（418—514）所建，移址保存（图335），塔前三绝碑为乾隆间仿刻，原碑上有张僧繇绘宝志像，唐代改刻吴道子画、李白诗与颜真卿书，故称“三绝碑”。《金陵梵刹志》所记原灵谷寺天王殿、五方殿、钟楼、禅堂、方丈等，均已不存。

今人所说的灵谷寺，其实是清同治六年（1867年）建于原灵谷寺僧院遗址上的龙神庙（图336）。庙前照壁宽40米，底座雕花（图337）。五开间庑殿顶大殿设于露台之上（图338），殿内明代碑首，高2.4米，碑高当在11米以上。

图 337　原龙神庙大照壁砖雕须弥座。

图 338　今灵谷寺（原龙神庙）三出陛露台上，有歇山顶五开间清代大殿。

图 339　栖霞寺前造型优美的石雕经幢。

图 340　栖霞寺山门右侧《明征君碑》，是南京仅存的唐碑，为全国文物保护单位。

2. 栖霞寺

老城东北郊栖霞山，原名“摄山”。南齐永明间，居士明僧绍别号“栖霞”，来摄山修行，后舍宅为寺，称“栖霞精舍”，摄山渐称栖霞山。唐代，栖霞寺成为江南四大丛林之一，宋朝改称“普云寺”，景德五年改称“栖霞禅寺”，清代，“栖霞胜境”为金陵四十八景之一。栖霞寺现存石坊、山门、毗卢殿、法堂、藏经楼等，多为晚清和民国重建，为省文物保护单位(图 339)。

栖霞寺因山造屋，层层升高，各抱地势，布局紧凑，淹没于山林之中。毗卢殿走廊墙上嵌有一对石碑，碑座露于墙外，碑座上刻四方连续几何纹样，为清人所刻。栖霞寺价值不在寺庙建筑，而在寺庙周围南朝、唐、南唐三个全国文物保护单位。加上秋天红叶染山，使栖霞山成为南京游览胜地。

寺山门右侧立有一碑，名《唐明征君碑》，为初唐人纪念明僧绍而立，明僧

图 341　栖霞山前，南唐石雕舍利塔古风盎然，为全国文物保护单位。

绍曾被征为国子博士，故称其“征君”，碑文为唐高宗撰，碑后“栖霞”二字，传为唐高宗亲笔，为南京仅有的唐碑（图 340）。

栖霞山舍利塔，初为隋文帝葬舍利的方形木塔，被毁于唐会昌年间，现存石塔为南唐高樾、林仁肇建造（图 341）。塔石构仿木，密檐式，五级八面，另加仰覆莲花座上下两层，距地面高度 18.73 米，自下往上，雕饰繁密众多：须弥座下边墙刻宝相花与飞凤，饱满生动，覆瓣莲花又花瓣肥硕，上边墙缠枝莲柔婉优美，是典型的唐代图案作风（图 342~344）。束腰以石

图 342　多么优美的五代飞凤造型！

图 343　舍利塔石雕须弥座上边墙刻缠枝莲，圆婉秀美，细致兼得饱满，极为典型地体现了五代石刻作风。

图 344　栖霞山舍利塔须弥座下边墙刻宝相花，肥满生动，与粗硕的覆瓣莲花形成对比之美。

图 345　舍利塔东腰浅浮雕《太子出游图》可与龙门石刻媲美。

图 346　舍利塔东腰浅浮雕《降伏魔王图》。

柱隔为八面，每柱均刻有楷书偈语。柱间石板浮雕《八相图》，从西北面始依次为：《释迦骑白象投胎》、《菩提树下降生》、《太子出游》、《逾城出走》、《牧女献乳》、《聚徒说法》、《降伏魔王》、《涅槃再生》，人物聚散疏密，秀骨清像，是南朝至隋过渡作风（图 345、346）。柱上刻蟠龙，圆浑遒劲（图 347）。塔

图 347　舍利塔束腰石柱雕蟠龙，圆浑遒劲，与清代龙造型别如云壤。

图 348

图 349

图 350

图 351

图 348~352　舍利塔塔身底层石刻天王、力士、普贤像，造型饱满，具有张力。

图 352

图 353　舍利塔石檐口刻飞天云纹，形象肥硕，是典型的五代石刻作风。

图 354　栖霞山石窟全景。

身第一层也以石柱隔为八面，柱间两面刻门，四面刻天王、力士，两面各刻普贤骑象、文殊骑青狮，像上刻有“匠人徐知谦”等题名，呈现出南唐饱满的风格，门旁石柱上刻金刚经（图 348~352）。第二层以上，每层各面均雕佛龛两个，龛内各雕坐佛一尊。八角形石盘承托塔檐，檐口刻飞天和双柄莲，塔刹刻莲瓣、宝珠、束缨、云纹（图 353）。全塔秀骨清像与饱满遒劲共存，雕刻精美生动，表现出唐五代之交的风格。此塔数遭雷击，塔檐虽残，古风依然。

千佛崖位于栖霞山纱帽峰，其中最有价值的石窟为大佛阁。大佛阁又名三圣殿，系明僧绍之子明仲璋开凿于南齐永明年间，今存无量寿佛，连坛通高 13.3 米，左右观音、大势至菩萨高 11 米，是栖霞山开凿时代最早、规模最大的石窟。齐梁至隋唐，又凿小窟 294 窟、佛像 515 尊。东路半山腰南面小窟窟顶画有飞天，与栖霞山舍利塔檐下飞天均呈隋至初唐风格。1924 年，栖霞寺住持若顺用水泥重修佛像，使千佛崖价值锐减（图 354、355）。

图 355　大佛阁系南齐永明年间开凿，尚存魏佛褒衣博带之遗风，造型则趋于壮硕。是栖霞山最有价值的石窟石造像。

（三）江宁区寺庙

1. 弘觉寺塔等

弘觉寺初建于梁天监二年，塔始建于唐大历九年（744 年），明正统间重建，为砖木楼阁式塔，至上世纪末，寺毁而塔之砖、石结构基本完好，斗栱等木结构全部无存，1996 年落地重建。它是南京现存最高、原构年代最早的砖塔（图 356）。

塔在江宁区牛首山东峰，七级，外壁八面，高近 36 米，加塔刹高 44 米，底层最高，从二层起逐层递减。底层一围有走廊，叫“副阶周匝”[1]；四面踏跺上下，花岗岩须弥座雕花，为明代原物。拱门作壶门样式，四实四虚，隔层错开，有效地避免了门墙上下的纵向开裂。塔外壁每层平座下施斗栱和一道相当于圈梁的红色花岗岩石枋，使塔身坚固抗震。外壁、阑额、拱门均为青砖磨缝斗合，内部则以方形状筒式结构隔层相套，这种结构叫“金厢斗底槽”（斗：念 dòu，斗合的意思），亦即沈括所言“六幕相连如胠箧”（沈括《梦溪笔谈》卷十八），牢固，抗震，广见于唐宋以来楼阁式塔。塔前置石雕美女，不伦不类，塔旁大雄宝殿，为今人新建。

牛首山东峰舍身崖前有摩崖石刻，五座佛龛内存石雕大小佛像 129 尊。正中一龛面对祖堂山献花崖，龛内释迦牟尼雕像，结跏趺坐，高 1.78 米，龛外壁有“大明成化六年……”铭文（图 357），已是古代石窟艺术的强弩之末。

图 356　牛首山唐塔　1996 年落架重建，尽量使用了原塔构件。

图 357　牛首山明代石窟全景。

1　副阶周匝：殿式建筑与石阶间的走廊叫“副阶”，殿式建筑四周的围廊叫“副阶周匝”。

图 358 方山定林寺砖塔，是南京硕果仅存的宋代原构砖塔，塔身倾斜，古风盎然，弥足珍贵。

2. 定林寺

定林寺在江宁区方山国家地质公园北坡，始建于南宋乾道九年(1173年)，寺毁塔存，本世纪在塔侧重建大雄宝殿。地质公园内，森林茂密，古迹众多，尚未遭受过量开发。

塔砖仿木楼阁式，七级，八面，木结构已全部不存，石构“昂”翘出砖体之外，底层中央置石雕须弥座。塔身倾斜度超过比萨斜塔，全靠钢缆拉拽，各层间用铁扒锔牵连。它是南京现存最早的原构砖塔，古风盎然，弥足珍贵，现为省文物保护单位(图 358)。

塔旁新建大雄宝殿，殿前矗立一块石雕五龙壁，透雕玲珑，精工难能，与建筑整体则不相谐调(图 359)。大雄宝殿仿宋式，面阔七间，重檐庑殿顶，斗栱较大，出檐较远，在江南不多见(图 360)。殿内顶置八角金龙藻井，混凝土柱础用石块包为圆形，雕荷花与连珠纹，径约1米。露台前上丹陛石高浮雕云龙，圆浑遒劲，龙须、龙爪甚至用透雕，虽为新作，颇堪称道；下丹陛石雕佛教供器八吉祥，刻板之至；台阶旁置石抱鼓，双狮圆浑，莲瓣肥硕，飘带洒脱。大雄宝殿石、木雕水平高下不可同日而语，整体不失为现代复原建筑中的精工大气之作(图 361、362)。

图 359 大雄宝殿前新石雕五龙壁。

图 361　方山定林寺大雄宝殿殿前丹陛石，雕刻圆浑道劲，龙爪腾空，是现代石雕中的佳作。

图 360　定林寺塔旁新建大雄宝殿仿宋式，木斗栱较大，昂挑出较远，在江南不多见。

图 362　方山定林寺露台阶陛旁石抱鼓，雕大狮小狮嬉戏，传神顾盼；石鼓规矩，飘带圆转，是新石雕中的上乘之作。

（四）江浦区寺庙

1. 泰山庙

泰山庙在浦口区泰山新村西北山顶上，又称“东岳庙”，始建于洪武间，同治重建，1986年重建。山门前立有石狮一对。入内，见重檐歇山顶五开间大雄宝殿，进深七檩，露台逼仄，屋面曲线生硬，屋脊雕饰饾饤堆砌。大雄宝殿后，后庭安静，五开间藏经楼殿于后（图363、364）。

图363　新建的泰山庙山门。

图364　1986年重建的泰山庙大雄宝殿，屋面曲线失之板、硬、平、直。

图 365　光绪间重建的江浦文庙，为南京市文物保护单位。

2. 文庙

江浦文庙，在珠江镇东门大街 83 号，始建于洪武间，光绪重建，现存五开间重檐庑殿顶大成殿，为市文物保护单位。其屋面升起之曲线，明显较今人重建之泰山庙舒缓柔和，屋顶与屋身比例、屋脊雕饰也较适度（图 365）。

3. 兜率寺

兜率寺在江浦老山腹地狮子岭密林之中，初建于明清之际，为老山林场使用期间，结构有所改变，近年重建为寺庙。房屋十数间，掩映于青山绿树之中，钢筋水泥结构取代了砖木结构，墙壁、柱身都显得生硬。因为地处偏僻，香客寥寥，寺庙显得简朴甚至冷清，比较金碧辉煌、油漆簇新的寺庙，兜率寺掩映于密林之中，更给人心灵的抚慰（图 366）。

图 366　江浦钢筋混凝土构架的兜率寺，为近年重建。

（五）六合区寺庙

1. 文庙

六合文庙在六合红旗大街136号，始建于唐咸通间，现存大成门、大成殿，为同治九年建造。

大成门两旁置石鼓，雕狮子盘球图案；大成门至大成殿间，铺石板云路，长24米，宽8米，满雕云龙；大成殿露台踏跺两侧，残存石雕护栏和抱鼓石（图367、368）。殿重檐歇山顶，五开间，檐下密布斗栱，格扇门眉板镂雕。殿内天花板绘39只天鹅。大成殿后崇圣殿、明伦堂，为1902年重建；殿南重檐六角攒尖顶魁星亭，为近年重建。

图367 六合文庙大成殿和露台踏跺两侧存石雕抱鼓石。

图368 六合文庙大成殿清代斗栱。

图 369　建于明永乐二年的六合清真寺大殿，全系原构，古风盎然。

2. 清真寺

六合清真寺在六合镇南门外，建于明永乐二年。

入大门，见庭院。穿过庭院，见古朴的三开间歇山顶大殿矗立于白石台基之上，砖脊雕花，台基下置石鼓一对，石台基浮雕图案，气氛安静肃穆。副阶上设卷棚，梁架雕刻简朴。殿内，大梁两侧饰枫栱，形如纱帽两翅，故此殿俗呼为“纱帽厅”（图 369~371）。

图 371　六合清真寺大殿前石雕抱鼓。

图 370　六合清真寺大殿石雕基座

图 372　光绪间重建的六合万寿宫重檐歇山顶大殿，为市文物保护单位。

3. 万寿宫

六合万寿宫在六合汪家巷，始建于道光间，光绪重建。现存重檐歇山顶五开间砖木大殿，与文庙隔墙相望，为市文物保护单位、六合博物馆所在地。正脊砖雕云龙和龙吻精细颇见功力，惜乎稍见刻削（图 372~374）。庭院内有石龟趺，已风化残缺。

图 373　万寿宫正脊砖雕龙吻，精工略显板刻。

图 374　万寿宫正脊砖雕云龙，高浮雕龙头，压地隐起龙身，主次分明，极见动力。

（六）溧水区永寿寺塔

永寿寺塔在溧水西北郊秦淮河畔，始建于明万历三十六年（1608年）。晚清寺毁，塔存砖构而木构亦毁，2001年修复并重建塔院。

塔为砖仿木楼阁式塔，七级，八面，高近40米。白石须弥座雕流云、如意、卷草，底层四面有门，门两侧置砖雕天王、力士立像，长近一米，共计八尊，所执兵器各各不同。每层檐下置斗栱，枋上刻卷草，雕刻工整，磨洗精到（图375~377）。

图377　永寿寺塔石雕须弥座刻如意、云纹、方胜等吉祥图案。

图375　2001年复原的溧水永寿寺塔。

图376　永寿寺塔屋檐磨砖斗栱与雕花砖枋。

（七）高淳区寺庙

1. 保圣寺塔

保圣寺塔在高淳县东双塔乡龙城山上，始建于三国东吴赤乌二年（239 年），唐贞元间扩为寺庙，后寺毁塔存，南宋绍兴四年（1134 年）重建双塔，同治间重修单塔，1985 年大修，大部分构件为原件，现为省文物保护单位。新修塔院，塔院内陈列了不少旧砖、石雕刻。

塔为砖木结构楼阁式塔，高 31 米，七级，四面，底层宽阔，成四面通透、有柱有坐槛而无墙壁的挟屋。塔顶层四面辟门，其余各层对开两门，可以登临（图 378、379）。

图 378　高淳保圣寺塔 1985 年落地重修，采用了部分原建筑构件。

图 379　高淳保圣寺塔院内陈列的旧刻石抱鼓，雕三狮盘球图案。

图 380　玉泉寺大殿木雕彩绘格扇。

2. 玉泉寺

玉泉寺在高淳县东南 15 公里的花山山腰，始建于宋，光绪间重建，大殿为清代原构，今人扩建为建筑群。

大殿面阔五间，进深四檩。殿前丹陛嵌石雕云龙，屋檐下设髹金斜撑多根，格扇门雕山石花果走兽，形象生动，木雕又加彩绘（图 380~385）。每间内檐各设两朵花栱，梁架露明，前设船篷轩，望板下荷包梁、象鼻梁头、荷墩全仿徽式（图 386~390）。大殿后三圣殿，造型非今非古，踏跺栏杆尤不合古制，屋檐下斗栱、阑额却雕饰富丽（图 391）。像玉泉寺这样秾华充满乡土气息的木雕彩绘，只有在僻远之乡能够见到了。

图 381~384　玉泉寺大殿格扇门绦环板木雕彩绘山水、禽鸟、走兽、瓜果，形象生动。

图 381

图 382

图 383

图 384

图 385 玉泉寺大殿前丹陛石雕云龙。

图 386 玉泉寺大殿卷棚下梁架木雕又加彩绘，秾华富丽，充满乡土气息。

图 387~390　玉泉寺大殿屋檐下各式斜撑木雕髹金彩绘。

图 387

图 388

图 389

图 390

图 391　玉泉寺三圣殿屋檐下雕饰富丽的枫栱与阑额。

(八)查访遗迹

1. 明香林寺遗址

明香林寺遗址，在老城内明故宫北、太平门外佛心桥37号。今存大殿，为南京市轻工业中专学校使用(图392)。

殿外形和正脊花砖完好，屋檐下梁头木雕、花板镂雕及两墀头砖雕亦保存完好，刀法刚劲娴熟，兼得圆浑玲珑，是古代砖雕的佳作(图393、394)。入内，见五架梁大殿进深四间，被今人砌为上下两层多间办公室，卷棚下梁架雕刻的完整美，为今人楼板割裂(图395)；石柱础雕刻八卦、如意、方胜、龙凤、花卉，雕刻颇精，被卡入今人所建的水泥墙壁内，美感全失(图396)。

图393　原香林寺墀头砖雕梧桐麒麟，饱满沉厚，饶有生气。

图392　原明代香林寺大殿。

图 394　原香林寺梁头木雕和屋檐下镂雕花板。

图 396　原香林寺石雕柱础被卡入今人所建的墙壁内，美感顿失。

图 395　原香林寺卷棚下梁架木雕精美。

2. 明大报恩寺遗址

明大报恩寺遗址在中华门外雨花路东侧正学街。寺为明永乐间成祖欲报高皇后生育之恩而建，永乐十年(1412年)开工，宣德六年(1431年)完工，历时十九年，明代为南京寺庙之首，下辖城南寺庙16座，咸丰间毁于兵火。

大报恩寺塔高约78米，数十里外可望见其高出云表，是古代高层建筑史上的杰作。塔楼阁式砖木结构，九级，八面，底层副阶周匝，四面设拱门，另四面嵌白石刻成的天王像，外壁贴白瓷砖，每块白瓷砖中央都有一尊小佛像。其龙吻、立柱、梁枋、斗栱、藻井、拱门用五色琉璃构件浮雕佛像、飞天、狮子、大象、莲花等纹样。[明]张岱《陶庵梦忆》记当年琉璃构件烧成

图397 正学街明大报恩寺遗址残存石龟趺。

图398 大报恩寺塔琉璃门。

三份，其余两份埋入地下，以备修缮之用；［清］甘熙《白下琐言》亦记，“前明造琉璃瓦以备大工之需，其窑在南门外西善桥一带，谓之琉璃窑，报恩塔及孝陵享殿皆用琉璃瓦，壮丽无比”。

遗址尚存龟趺碑和香水河桥（图 397）；正学路小学内存三藏殿，为秦淮区文物保护单位；三藏殿西存大殿一座，未列入保护。上世纪 50 年代，中华门外能仁里等地发现大批琉璃构件，大炼钢运动中被粉碎作耐火材料。现存琉璃门，藏南京博物院；琉璃龙吻、琉璃砖等，藏南京市博物院（图 398~400）。其龙吻造型与江南流行的鳌鱼吻不同，也与江南柔曲颀长的龙吻有异，却与北京明清官式建筑龙吻几无二致，可见北方明清殿式建筑的龙吻造型起自南京。2008 年，大报恩寺地宫铁函内发现高 1.1 米、边长 0.48 米的银质鎏金“七宝阿育王塔”，是迄今出土阿育王塔中最高的一座。有关单位正筹划重建大报恩寺。

图 399、400　大报恩寺塔残存的琉璃砖，现藏南京博物馆。

图 399

图 400

3. 明天隆寺塔林

明天隆寺遗址，在今安德门外菊花台，宣德间赐额“天隆极乐寺”，已毁。寺后玉环山上塔林，原存自明万历古心法师圆寂以来历代寺庙住持之墓塔50余座，现存7座并石雕残件若干，为市文物保护单位。石塔由基、座、身、顶精雕细刻，斗榫而成，或为四面，或为六面，或为鼓形，周身布满花卉、动物、文字等阴纹、阳纹装饰，是研究明清石雕和宗教历史的宝贵资料（图401、402）。

图402 原明天隆寺石塔，如玉树临风。

图401 明天隆寺塔林。

4. 其他

明普德寺遗址，在今雨花台西北普德村金陵橡胶厂内，始建于梁天监年间，明代重建，为敕赐古刹，1982年被列为南京市文物保护单位。原有殿堂四进：第一进寺门，第二进天王殿，第三进大雄宝殿，第四进无量佛殿。明清，普德寺为南郊胜地之一，原五百铁罗汉，除三尊被劫往日本外，1958年“大跃进”时，悉数被炼为钢铁。今天的普德寺仅存大殿，柁墩、额木雕花，双步梁与穿亦加以雕刻(图403、404)。

明天界寺遗址，在今中华门外雨花西路能仁里1号南京第二化工厂宿舍区内，今存大殿，结构全改，为幼儿园使用。

明观音寺遗址，在中山门外小卫街，观音阁石壁已移下马坊遗址公园，今小卫街观音寺纯系今人新构。

明古林寺遗址，在老城内虎踞路，已重建为古林公园，门口石狮藏南京博物馆。

清凤游寺遗址，即晋瓦官寺遗址，在老城内花露岗，凤游寺供具石烛檠藏南京博物馆。

清长芦寺，在大厂区，为长芦中学。

图403　明普德寺残存大殿柁墩、额木雕花。

图404　明普德寺残存大殿双步梁与穿雕刻。

七、园　林

南京是中国古代园林发展最为充分的区域。孙吴时，太初宫西门外有西苑，鸡笼山下有华林园；南朝时，建康见诸史籍的皇家园囿有：华林园、南苑、玄圃苑、芳林苑、博望苑、乐游苑、上林苑等20余处，见诸史籍的私家园林则有38处[1]。华林园经过历朝帝王多次扩建，成为六朝最具代表性的皇家园林。

明中叶以后，江南经济已是极度富裕，士大夫文化已是极度成熟。士大夫们出于对自身居室器用精致化、艺术化的要求，寻访理解自己设计意图的工匠，营造园林居室，定制陈设器用，园林、家具与陈设等等，综合构成了文人生活的物态环境。南京作为江南工商业中心和文化中心，有知名园林30余处，“若最大而雄爽者，有六锦衣之东园；清远者，有四锦衣之西园；次大而奇瑰者，则四锦衣之丽宅东园；华整者，魏公之丽宅西园；次小而靓美者，魏公之南园，与三锦衣之北园”（[明]王世贞《游金陵诸园记》）。清光绪间，南京见于记载的私园尚有20余处之多（[清]陈作霖《金陵琐志》）。曹雪芹《红楼梦》中对大观园的描写，正是南京园林的生动写照。南京现存原私家园林多为明代私园，其中艺术价值最高的是瞻园。

（一）原私家园林

1. 瞻园

瞻园在今瞻园路128、130、132号，明代为中山王徐达后裔私园，时名“凤台”，清代为江宁布政使司衙署，乾隆皇帝曾两次御驾亲临并题额“瞻园”，太平天国时先后为东王杨秀清等的邸园，民国初为省长公署，现为太平天国历史博物馆、江苏省重点文物保护单位。

瞻园既有厅堂之轩敞，又有亭园之幽深，空间分割可追留园，叠石则远过留园与拙政园，实为金陵名园第一，向与苏州留园、拙政园，扬州个园、无锡寄畅园等并享“江南五大名园”之誉。其建筑除静妙堂、岁寒亭外，照壁、门厅、中式厅堂多进，系上世纪80年代修建，东部以建筑庭院为主的新景区为1987年扩建。回廊穿连于正院、中院和花园之间，由此分割出若干景区。

照壁在街对面，已改建为混凝土结构，饰以现代浮雕，尺度变窄，全失传统韵味。大门左右置石狮一对、石抱鼓一对，仍为旧刻。门厅五架梁，并东西门房面阔五间，横跨街上，气势宏阔（图405、406）。

1　卢海鸣：《六朝都城》，南京出版社2002年版，第210–226页。

图 405　上世纪 80 年代修建的瞻园大门。

图 407　瞻园轿厅内朱漆地戗金云龙太师壁。

图 406　瞻园大门旧石鼓，底座刻莲瓣纹，鼓面以回纹围起圆形开光，开光内雕夔龙纹。

轿厅与门厅同阔，厅内设金龙太师壁，东西各设轿房(图 407)。庭院宽大，东西壁上各饰一幅现代石浮雕，尺度、装饰均与传统庭院极不谐调。正厅八架梁，面阔五间，进深 11 米，檐枋间置镂空雕花木板，格扇绦环板与裙板浮雕金龙髹金，极为华美(图 408~410)。厅内前设船篷轩，后金柱间设屏门四扇，陈列太平天国历史文物和石、木旧刻(图 411~413)。

正厅前庭院西壁开耳门两个，通往中院。中院内侧厅，现为“罗尔纲史学馆”；厅后楼厅，现为办公区；又有一览阁、老树斋等建筑和小园若干区。

图 408 瞻园正厅格扇门裙板、绦环板木雕髹金，抹条以铜皮包角。

图 409、410 瞻园木雕格扇门上浮雕鎏金云龙。

图 409

图 410

从侧厅外回廊进入花园，小瓦花窗随回廊上下，墙上嵌有碑刻。静妙堂将花园分割为南北两园。北园开阔，碧池内，鸳鸯嬉戏，一旁歇山顶、盝顶小亭随山上下，叠石为明代遗物，后补石屏，以遮挡背后现代建筑，层次稍见平板，背景空间仍然为现代建筑堵塞(图414)。南园曲折，叠石高低立卧藏露，丘壑幽深自然，为今人刘敦桢超越前人的杰出创造(图415)。园内倚云、仙人诸峰，为北宋花石纲原物，朱元璋运来南京赐与徐达。从南园月洞门看北园，玲珑又兼雄伟，开阔更得幽深，艺人匠心，叹为佳绝。

瞻园路126号亦为徐达西花园一部分，后为江安督粮道署，咸丰间毁于兵火，同治间重建，民国初为省长官邸，大厅、轿厅为清代遗物，现已辟为食府，为市文物保护单位。

图 411

图 412

图 413

图 411~413　瞻园正厅内陈列的原建筑木雕与石雕。

图 414　瞻园北园明代叠石。

图 415　瞻园南园今人刘敦桢叠石。

图 416　西园主体建筑漪澜阁，起分割景区、统领全园的作用。

2. 煦园

煦园初为明永乐皇帝次子、汉王朱高煦王府之花园，因其名而名“煦园”，清代为两江总督西花园，太平天国时为天王府西花园，1927 年后为总统府西花园，今属长江路 29 号中国近代史博物馆。沿湖建筑多建于同治间，民国和近年大修。

穿过天王府花厅，进入煦园，园门左右置石雕抱鼓一对。园内空间分割和组景均较瞻园逊色，建筑景观尚属丰富。

漪澜阁是西园主体建筑（图 416），起统领全园建筑、分隔水面的作用。不系舟流行于明清，是士大夫渴盼浪迹江湖、任尔东西、身心自由的象征。西园不系舟初造于乾隆间，船帮为青石砌筑，其上砖雕新易为木雕髹漆，花俏简陋，极为刺眼；船舱木结构，卷棚顶，梁架和花罩雕绘华美，今人涂脂抹粉，画蛇添足，顿使完整谐和翻为刺眼凌乱（图 417、418）。水面为漪澜阁、不系舟分而为三。桐音馆建于同治九年，取雨打梧桐树叶之意境命名（图 419）。不系舟西侧有夕佳楼，呈重檐歇山顶造型。忘飞阁亦歇山顶，平面凸字形，三面临水，芭蕉、修篁自

图 417　乾隆间建造的西园不系舟。

图 418　不系舟内圆光罩，镂雕缠卷灵活，诚为极品，今人将莲花重髹为金，顿失完整和谐，反成刺眼凌乱。

图 419　建于同治九年的元宝脊顶桐音馆。

图 420　歇山顶忘飞阁与夕佳楼隔水相望。

图 421　忘飞阁卷棚下柁墩木雕，平梁绘包袱锦。

成小院，与夕佳楼隔水相望，卷棚下梁架雕刻又加彩髹（图420、421）。夕佳楼西南角望楼楼下砖壁背面嵌双龙戏珠砖雕，御碑亭内御书石碑，是乾隆时物（图422）。院东南平地起山，假山中结小屋，略见生硬。假山上望亭，角梁下设云撑，底部磨砖花窗雕砌为旋转形图案；山上两个菱形小亭交搭，取意吉祥，名“方胜亭”，又名“鸳鸯亭”。园内散落着一些古代石雕，石雕花盆高浮雕错以立雕，雕工叹为佳绝（图423）。

图422　西园御碑亭内，立乾隆皇帝御书石碑。

图423　西花园内清代石雕花盆，与谭延闿陵园内石雕花盆如出一手。

图 425　莫愁湖小园内郁金堂、回廊与莫愁女塑像。

3. 莫愁湖公园

莫愁湖公园在水西门附近。初因江水西移淤积成湖，名“横塘”；后因梁武帝萧衍《河中之水歌》诗有“洛阳有女名莫愁”，得名莫愁湖。明初，朱元璋在湖边建造亭台楼阁，以供游宴。相传朱元璋和徐达常在园内下棋，徐达胜棋后，朱元璋将湖与楼赠与徐达作为私园，后人因名此楼“胜棋楼”。乾隆、道光间增补建筑，今存胜棋楼、郁金堂、赏荷亭等，为同治十年重建。

胜棋楼歇山顶，两层，宽 5 间，深 11 檩，始建于洪武间，1972 年大修，为市文物保护单位（图 424）。游廊和花窗绕为小园，小园内，郁金堂临水，莫愁女石像玉立水中，大与小、萧疏与精巧对比，丰富了景观变化（图 425）。

图 424　莫愁湖公园内同治十年重建的胜棋楼。

图 426　白鹭洲公园水畔民国与今人重建的建筑。

图 427　白鹭洲公园内楼阁式塔，原建于宣德六年（1431 年），系工部用报恩寺建筑余材建回光寺时同建，名“白塔”。今人重建。

4. 白鹭洲公园

白鹭洲公园在今夫子庙南、长乐路武定门旁，初为明初中山王徐达东花园，又名东园、太傅园，园内有鹫峰寺，“鹭洲二水”为清代“四十八景”之一，咸丰间毁于兵火，清人有诗“东园流水西园树，遗址当年尚有无”，民国重修并增建烟雨轩、藕香居、话雨亭、吟风阁等建筑，并因其地曾出土李白“三山半落青天外，二水中分白鹭洲”诗句匾题，因以命名。沿湖携秀阁、春在阁、一鉴堂、曲廊和七级楼阁式塔等，均为今人重建（图 426、427）。

图 428　白鹭洲公园内今人重建的鹭峰寺。

湖水以曲桥分割为两半，前湖空间尚得自然，后湖空间为高楼大厦堵塞。沿湖建筑一览无余，鹭峰寺为今人重建，曲廊、栏杆、挂落、斜撑等，诉说着工期的匆忙与雕刻的拙劣。人工搭建的沿湖景观，敷红着绿，令人不忍卒看。公园内堆积着许多新旧石雕，如碑首、狮子、石缸等，个中几对石狮，造型娇憨可爱（图 428~434）。

图 430　白鹭洲公园内旧刻须弥座上立宝瓶一对。

图 429　白鹭洲公园内古代石雕碑额。

图 431

图 432

图 433

图 434

图 431~434　白鹭洲公园内古代石雕狮子，或造型概括，雕工简约；或如民间泥塑般憨玩可爱。

（二）公共园林内古迹

1. 钟山风景区内古迹

钟山战国时称“金陵山”，秦汉时称“钟山”，东吴避孙权祖父孙钟讳，改名“蒋山”，东晋称“紫金山”，明嘉靖时改称“神烈山”，民间又称其“北山”。钟山风景区内民国建筑，笔者已有专著论述，这里不再重复。民国建筑外，景区内古代建筑遗迹正逐步重建或修复。

定林寺在紫霞湖下山麓。南朝，刘勰（约 441—约 521）曾寓居钟山定林寺二十年，在此写成我国第一部成熟的文学批评专著《文心雕龙》；北宋，王安石在此闲居读书，留下《咏定林所居》等诗文作品。上世纪末，有关单位据《建康实录》、《景定建康志》等重修定林寺，辟为“刘勰与《文心雕龙》纪念馆”（图 435）。

图 435　20 世纪末重建的钟山定林寺，今为“刘勰与《文心雕龙》纪念馆”。

门厅与两进大厅、游廊围成庭院两进。门厅悬王安石所撰联句“终日看山不厌山，买山只待老山间。山花落尽山常在，山水空流山自闲”，恰到好处地点明了定林寺意趣。前院梅花点点，后院山石假山，院外流水淙淙，周围树木，曲径通幽，清雅静谧。定林寺现为笔者经常独自光顾并遐思默想的所在。

商飙馆在梅花谷，南朝齐武帝每年重阳在此登高宴请群臣，所以，商飙馆又名“九日台”，清代“商飙别馆”仍然位居“金陵四十八景”之一。近年，有关单位据《六朝事迹编类》、《肇域志》等，重建商飙别馆于梅花谷，可惜地势欠高，难以再现古人重阳登高的意境（图 436）。

南朝梁武帝之长子昭明太子萧统（501—531），主持编纂了我国最早的诗文总集《文选》。南京传有多处昭明太子读书台，

图 436　近年据志书重建的商飙别馆。

一处在钟山北峰，一处在江浦老山汤泉院，一处在六合方山仙人洞，一处在江宁湖熟镇，“台想昭明”是清代“金陵四十八景”之一。近年，有关单位据《六朝事迹编类》、《至大金陵新志》等重移址建昭明太子读书台于梅花谷燕雀湖旁。

灵谷公园以东的谭延闿陵园内，散落着不少圆明园旧刻，如石龟趺、石祭台、石花盆等，雕刻圆活遒劲，气韵生动，为今人石雕所难望其项背（图 437~440）。

图 437　谭延闿陵园内圆明园旧刻龟趺碑，是古代石雕中的杰出作品。

图 438　谭延闿陵园内圆明园旧刻石花盆，立雕龙头威猛有力，高浮雕人物圆浑生动，地铺线纹又工整细致。

图 439　谭延闿陵园内石雕花坛，图案华美繁富。

图 440　谭延闿陵园内圆明园旧刻石供桌，方、圆组合为造型语言，以中国传统的莲瓣纹、忍冬纹与西方传统的莨菪纹组合为装饰图案，造型寓圆于方，既浑厚有力，又富有人情味。出自法国工匠之手。

图 441　玄武湖边明城墙蜿蜒，湖光山色，古朴自然。

2. 玄武湖公园内古迹

玄武湖古名桑泊，因在钟山之阴，孙吴时称“后湖”，刘宋文帝时，在湖中筑方丈、蓬莱、瀛洲，作为帝王游乐和训练水军之所，传说湖中有黑龙出没，改称“玄武湖”，元嘉初始置亭台，渐成游览胜地。明代于湖中岛上置“黄册库”，存放全国户籍，各洲间全靠舟楫来往。晚清，左宗棠于翠洲、梁洲间建长堤；宣统间举办南洋劝业会，两江总督端方立主将玄武湖辟为公园；后继者张人骏在明城墙上开门，称“丰润门”，民国时改称“玄武门”，1949 年后增添“解放门”、“和平门”，于是形成“五洲公园”的基本格局。湖边古城墙蜿蜒，古城墙下绿林碧水，构成了玄武湖古朴自然的审美基调(图 441)。入解放门不远，武庙水闸，为明代遗构，今天仍有泄洪功能(图 442)。环洲上有晋郭璞墓。园内民国建筑如诺那塔、喇嘛庙、翠虹厅等，笔者已有专著论述，本书从略。

图 442　解放门旁有明代武庙闸，今天仍有泄洪功能，今人立碑纪念，并于其旁建庙。

图 443　古雨花台后杨邦乂剖心处，存宋石碑与宋石狮，见宋刻简练传神的特点。

3. 雨花台公园内古迹

传说梁天监年间，高僧云光法师在城南石子岗上说法，天赐雨花，化作满山斑斓的石子，人称其岗为“玛瑙岗”，明代称其“聚宝山”，现为雨花台烈士陵园、全国文物保护单位。笔者少时随江苏夏令营全营登岗凭吊烈士，尚见满岗荒凉，满地雨花石。现已满园苍翠，地面雨花石则早被拣尽挑绝。

陵园东北有砖木楼阁古雨花台，楼阁内陈列有旧石刻等文物。古雨花台后，有从雨花台北迁来园内的杨邦乂剖心处，为省文物保护单位。杨邦乂，宋忠臣，南宋建炎三年（1129 年）被金将金兀术在雨花台剖心殉国，死谥“忠襄”。今存石碑三通、石狮一对，石狮造型古朴，见宋刻简练传神的特点（图 443）。

方孝孺墓在杨邦乂剖心处未远、“江南第二泉”后山，棂星门、龟

图 444　雨花台“江南第二泉”后山方孝孺墓，地面仅石碑是清朝旧物。

趺与墓室均为新建，石碑则为清同治年间旧物。方孝孺，因直言朱棣篡位、拒不代写即位诏书而遭车裂之祸，株连十族（图 444）。

江南第二泉东侧有乾隆御碑亭，为今人修复，亭内石碑为原物，碑上刻乾隆皇帝游雨花台七绝一首（图 445）。

顺道前行，陵园东南角密林之中有明开国功臣李杰墓，详见“明代功臣墓”一节。此处原有杨邦乂祀祠，明人附祀宋代忠臣文天祥，故称“二忠祠”。现有二忠祠为今人所建。

园内草地上，有南京司礼监官仪会碑，碑额刻“皇明”和双凤，碑座刻祥云、仙鹤、海水。

图 445　雨花台陵园内元宝脊歇山顶乾隆御碑亭和亭内乾隆皇帝御书碑刻。

4. 燕子矶古迹

燕子矶在城北长江边上，是幕府山伸入江中、三面临水的悬崖峭壁，东晋始建亭台，明初辟为观江胜迹，"燕矶夕照"为清代"金陵四十八景"之一，现在仍然是南京观望长江的最佳景点。峭壁上布满历代摩崖石刻（图446）。现为南京市文物保护单位。

园外观音阁据明洪武间旧筑翻建，已失原貌；园内乾隆御碑亭、望江楼，据清代旧筑翻建（图447、448）。

燕子矶西侧幕府山腰，散落着大小十二个溶洞，其中达摩洞，系梁武帝从天竺请来达摩讲经、达摩面壁十年之处，在沿江溶洞中居首位。由于太平村到燕子矶路况甚差，燕子矶门庭冷落，数里外的头台、三台等十分破蔽。有关部门将修建幕燕路与滨江绿化带，燕子矶将重现当年盛景。

图446　燕子矶摩崖石刻，有李白墨迹"吞江醉石"、朱元璋口占诗句"燕子矶兮一秤砣，长虹作杆又如何？天边弯月是钩挂，称我江山有几多"和南京书家萧娴擘窠大书"燕矶临流"等。

图447　燕子矶公园内今人复建的碑亭内，御碑是乾隆时原物，上刻乾隆御笔诗："当年闻说绕江南，撼地洪涛足下看。却喜涨沙成绿野，烟村耕作久相安。"

图448　燕子矶公园内据清代旧筑翻建的望江楼。

（三）查访遗迹

胡家花园一名愚园，在集庆路南花露岗，原为江宁知府胡远清私园，光绪间尚“花树交柯”（[清]陈作霖《金陵琐志》），今已荒废，高岗、池塘犹在，大树参天，绿草遍地，与厚实的土砖围墙、巍峨的明城墙相映衬，愈见历史的苍茫厚重。

花露岗是六朝瓦官寺所在地，东晋大画家顾恺之、梁大画家张僧繇曾在此画壁；花露岗下，杜牧写下了“借问酒家何处有，牧童遥指杏花村”的诗篇；花露岗东凤凰台，李白写下了“凤凰台上凤凰游，凤去台空江自流。吴宫花草埋幽径，晋代衣冠成古丘。三山半落青天外，二水中分白鹭洲。总为浮云能蔽日，长安不见使人愁”的名篇。今日花露岗已划为历史风貌保护区，凤凰台仅存地名，胡家花园仍然是城南人文气息和自然风光融合最佳的地带，很有复原价值（图449）。

图 449　胡家花园虽遭荒废，今天仍然是城南人文气息和自然风光融合最佳的地带。

八、宫 殿

宫殿是古代政权的象征，因此成为改朝换代兵燹破坏的首选。南京古代宫殿的华章——明故宫仅存遗址。朝天宫作为皇家道观性质的殿式建筑群落，明代用作大型礼仪活动，清代易作文庙和府学，主要建筑得以存留。

（一）明故宫遗址

朱元璋称帝前，于元至正二十六年（1366年）开始在应天府筑城墙，称帝后继续建造城墙，工程长达20余年。南京城墙有宫城、皇城、京城、外廓四重城垣。外三重城垣均无雕饰，本书从略。宫城为城墙、护城河环绕，各城台墙基饰石雕须弥座。墙内是"大内"，即今人所说的明故宫，百姓俗称"紫禁城"。中轴线上布置三朝五门、外朝内廷、东西六宫。它是朱元璋集几十万民工"迁三山，填燕雀"而建造的，初建于洪武登基前一年，即元至正二十六年（1366年），洪武十年建成，为洪武、建文、永乐三朝宫殿，明末战火中被毁，太平军战事后

图450 巍峨壮观的明故宫城台。

图 451

图 452

图 453

图 451~453　明故宫城台石须弥座，线脚方、圆、宽、窄，变化丰富，束腰用压地隐起法雕方胜、如意等吉祥纹样，底足以减地平钑法刻卷云。造型浑厚，线纹工整，工程巨大。

几成废墟。其遗址在今老城东隅，南北长约 2.5 公里，东西宽约 2 公里，辟为午朝门公园。

午门是宫城南门即紫禁城正门，原有双阙前伸，合抱为凹字形，城台上原有正楼和四个方亭，合称五凤楼，今仅存城台。城台下宽上窄，五个门洞并列，气势雄伟，鲜苔斑驳，藤萝倒挂，给人阅尽沧桑仍力量勃发之感。墙基须弥座为大理石垒砌，采石巨大，束腰刻对合的卷草、方胜纹，地栿刻云纹，线脚流利工整，可见明代皇家建筑气度恢宏之一斑（图 450~453）。午门内，大青石铺成的宽阔御道基本完好。两边原有千步廊，今不存。午门南，存外五龙桥，雕花石栏尚在；午门北，存内御河与内五龙桥，雕花石栏残缺（图 454、455）。此外，明故宫尚存东华门、西安门、玄津桥及宫城内南门奉天门遗址。东华门是紫禁城东门，城台保存亦较完整。

图 454　明故宫内五龙桥上，石雕勾阑无存。

图 455　明故宫外五龙桥栏板镂雕云纹花瓶撑，石望柱柱头雕卷云纹。

今午朝门公园内，散落着照壁、柱础、螭首等石刻。照壁在公园北入口，七块巨石上分别刻游龙、狮子、鳌鱼、梅花鹿等遨游嬉戏于草、树、山石和海水之间，动物各得其态，居中部位的鳌鱼、游龙尤其生动，花有牡丹、玉兰、长春花、梅花、茶花、灵芝、芙蓉、万寿菊，雕刻繁琐堆砌，极为典型地体现了封建社会晚期皇家艺术的审美风范（图 456~462）。原饰于露台勾阑之下的石雕螭首，肌肉块块膨起，极富弹力和张力，更是明代皇家建筑雕刻中的优秀作品（图 463）。遗址还散落有许多古镜柱础和残存的石构件（图 464~467）。

图 456　明故宫原石雕照壁，矗立于今午朝门公园北门。

图 457~462 明故宫原石照壁以七块石雕组成，每块各刻狮子、鳌鱼、游龙、梅花鹿等吉祥动物，云、水、树、石与花草掩映，布局满、密，雕刻繁琐，体现出封建社会晚期石刻的特征。

图 457

图 458

图 459

图 460

图 461

图 462

图463　明故宫原遗址石雕螭首双眼突出，肌肉膨起，周身布满装饰性的鳞片与火焰纹，是明代石雕中的杰出作品。

图464　明故宫遗址残存有许多原石雕构件，如石柱础、石抱鼓、石门砧等，以古镜式柱础为最多。

图 465~467　明故宫遗址残存石雕柱础与石鼓。

图 465

图 466

图 467

（二）朝天宫

朝天宫在今城西，邻近水西门和王府大街。此地初为吴王夫差冶城、东晋王导西园旧址，五代，吴王杨溥在此筑道观，名“紫极宫”，宋代先后名“祥符宫”、“天庆观”，元代复名“玄妙观”，再名“祥符宫”；明洪武十七年（1384 年）重建为宫殿，朱元璋赐名“朝天宫”，其用途是“百司庶府遇大朝贺、前期受戌，于此习仪”（[清]陈作霖《金陵琐志》）；康、乾、同间多次重修，成东、中、西三条轴线。建筑群气宇轩昂，雕梁画栋，金碧辉煌，是江南大规模的古建筑群落之一，民间极为少见。今天，中路江宁府文庙建筑保存最为完好，为江苏省文物保护单位、南京市博物馆所在地；东路江宁府学，大门及正堂明伦堂是原构，省昆剧院扩建为合院，部分屋面换为水泥脊和平瓦；西路卞公祠、卞壶墓已不存，原址上盖起民房和商业建筑。

中路现存泮池、照壁、棂星门、大成门、大成殿、崇圣殿及敬一亭等。中轴最南端为泮池和宽达 50 余米的大照壁，照壁正面有“万仞宫墙”四个金粉大字（图 468）。照壁后，围墙围起前庭，东西两侧各开单檐三间黄琉璃瓦砖细牌楼门，石须弥座上，三个磨砖券门并立，东西分别嵌砖刻门额“德配天地”、“道贯古今”，左右兜肚嵌龙纹花砖，圆浑遒劲；鱼鳃墙樘内四角嵌凤纹花砖，飞扬灵动，是现代砖细工程的杰出作品（图 469~471）。

图 468　朝天宫前泮池与今人重修的大照壁。

图 469　朝天宫琉璃瓦砖细牌楼门，东、西牌楼字匾各刻“德配天地”、“道贯古今”四字。

图 470、471　朝天宫牌楼门兜肚砖雕鲤鱼、云龙，受方形限制而能全无牵强局迫之感，游龙盘旋腾挪，鲤鱼弹跳有力。

图 470

图 471

图 472　朝天宫棂星门以华美的镂雕减弱了强风对建筑物的冲撞，是实用与审美结合的优秀范例。

图 473　朝天宫大成门门墙圆开光内砖雕云龙。

图 474　朝天宫大成门门墙砖雕角花夔龙。

图 476　朝天宫内，大成殿重檐庑殿顶，露台前踏跺三出陛。

图 477　朝天宫大成殿丹陛石雕云龙纹。

图 475　朝天宫大成殿须弥座石雕龙首。

棂星门作四柱三间牌楼样式，琉璃瓦屋面下设数攒斗栱，夹堂板镂雕云龙（图 472）。过棂星门，见三门并列的重檐歇山顶大成门，门左右立石狮，门墙四角和圆开光内花砖雕云龙纹（图 473、474）。过大成门，见东西配殿和大成殿，庭院一角置石雕龟趺（图 475）。殿前设三出陛踏跺，白石露台围以石雕栏杆，踏跺正中嵌云龙纹丹陛石，已甚漫漶（图 476、477）。殿七间，格扇门各以铜皮包框包角（图 478）。大成殿后崇圣殿，殿前亦设白石露台与石雕栏杆，屋顶改作单檐，殿前踏跺一出陛，云龙纹丹陛石漫漶更甚。殿亦七间，檐柱间亦饰镂雕缠枝莲纹挂落式花罩（图 479、480）。各殿内陈列有不少古建筑三雕构件，如石螭首、石井栏等，雕工精美而又大气磅礴，为封建社会晚期石雕极品。崇圣殿后西北角有敬一亭，亭内立皇帝敬孔的“敬一箴”。亭东有飞云阁、飞霞阁、景阳阁，飞云阁前有御碑亭。

图 478　朝天宫大成殿格扇门以铜皮包框包角，腰板、裙板、足板雕饰简约。

图 479　朝天宫崇圣殿单檐歇山顶，殿前一出陛，较大成殿规模和体制均大为缩小。

图 480　朝天宫崇圣殿屋檐下悬镂雕缠枝莲纹飞罩，图案华美繁富。

九、陵 寝

南京古代陵寝建筑的地面遗存，除六朝陵墓石刻外，以明孝陵遗址建筑雕饰和明代功臣墓神道石刻为绝唱。

（一）明孝陵

朱元璋生前按风水说，亲自选孝陵之址于独龙阜，背依玩珠峰为玄武象，左右为青龙、白虎象，面临前湖为朱雀象，从下马坊、大金门、四方城神功圣德碑到神道、棂星门、金水桥、文武方门、碑殿、享殿到内红门、方城明楼、宝顶，建筑群按北斗七星布置，洪武十四年（1381年）始建明孝陵，历时30余年建成。整个建筑群依山取势，气度宏伟。现为全国文物保护单位。2003年，明孝陵作为明清皇家陵寝建筑群之一，被联合国教科文组织列入世界文化遗产。

图481 下马坊公园门口，置从钟山山麓移来的明神烈山碑，碑旁原石柱础四只，浮雕花纹。

下马坊是明孝陵入口的标志，示意诸司官员到此下马以示恭敬。今下马坊遗址公园在南京农业大学大门对面。路边矗立着明嘉靖年间神烈山碑，系从钟山山麓移来，碑旁四块原下马坊石柱础，浮雕花卉纹清晰可见（图481）。大型石照壁置于石雕须弥座上，上额浮雕双龙戏珠，游走生动（图482）。大型石雕龙壁，总长5.1米，宽1.18米，大块文章，酣畅淋漓，真有吞云吐雾之美，与明清皇家石刻的琐碎细密是完全不同的审美风范，可惜断裂为三块（图483、484）。双柱单间下马坊为新立，基座用洪武间原下马坊石雕构件，造型敦实浑厚，云纹舒卷酣畅，与今人石刻的气贫力弱真有天壤之别（图485、486）。

公园内除下马坊原石刻外，还散落着不少旧刻。进入公园深处，见从小卫街移来的观音阁石壁和同治间重建观音寺碑。观音阁石壁高达4.5米，长达5.5米，置于石须弥

图 482　下马坊公园内大型石照壁，基座雕刻作须弥座式样，浮雕卷云纹；上额浮雕双龙戏珠游走生动。

图 483

图 484

图 483、484　大型石雕龙壁，龙身腾挪跳跃，势如满弓待发，全壁以气取胜，与明清皇家石刻的琐碎细密是完全不同的审美风范。（图为龙壁正面、反面）

图 485

座上，正中浮雕佛像，佛像一周浮雕火焰纹背光，背光上线刻八吉祥等图案，为市级文物保护单位；同治间重建观音寺碑，长 161 厘米，宽 71 厘米，四边刻卷草纹（图 487）：两件石雕并移下马坊遗址公园。今小卫街观音寺纯为今人新构。还有各处移来的明代石马（图 488）、康熙间奉旨蠲免三则碑和四排拴马桩等。

明孝陵大金门仅存城台，三个拱形门洞并列，石须弥座雕花，古风盎然，威武雄壮，现与碑亭隔陵园路相望（图 489~491）。正方形碑

图 486

图 485、486　下马坊原石雕基座，造型敦实浑厚，云纹舒卷酣畅，与今人所补线面刻板、气贫力弱的石柱、石额真有云壤之别！古代文化遗产的可贵，于此可见一斑。

图 488　下马坊公园内明代石马。

图 487　下马坊公园内明观音阁大石壁，正中浅浮雕佛像，衬以火焰纹背光。

图 489　巍然矗立的明孝陵大金门。

图 490、491　明孝陵四方城须弥座，石雕云纹流畅舒卷，造型浑厚，充满力度感。

亭屋顶已不存，龟趺与高耸的石碑立于蓝天白云之下，益增苍凉厚重的历史氛围，百姓俗呼其为“四方城”。碑亭前后置御路踏跺，丹陛石八棱圆开光内雕双龙，圆浑遒劲；开光外雕双狮，顾盼生动；地铺锦纹，工细华美：允推为南京地区雕刻水平最高的丹陛石。亭内置“大明孝陵神功圣德碑”，通高 8.78 米，碑首浑圆，刻以双龙；碑额凿圆孔，称“穿”；碑身刻朱棣亲自撰写的碑文；碑座作龟趺样式：是除阳山碑材外南京地区现存最大的古石碑(图 492~494)。

过御河桥，到东西向神道，六种石兽各两立两蹲，分列于神道两旁，百姓俗呼为“石象路”，其中石象造型

图 490

图 491

图 494　大明孝陵神功圣德碑碑额石雕双龙。

图 492　明孝陵碑亭亭顶残缺，百姓俗呼为“四方城”。亭内“大明孝陵神功圣德碑”，高 8.78 米，是除阳山碑材以外南京最大的古石碑。

图 493　明孝陵四方城丹陛石雕刻，八棱圆开光内雕双龙戏珠，圆浑遒劲；开光外雕双狮戏球，旋转顾盼；地铺锦纹工细华美：精工之至又气韵生动，诚为明代石浮雕之极品。

尚存汉唐遗风，较少明清帝陵神道石刻龙钟不灵的弊病（图 495）。过石象路，神道折为南北向，两旁分列石望柱一对、石武将两对、石文臣两对与棂星门夹杆石（图 496、497）。石望柱六棱形，柱身浮雕云纹，柱盘浮雕云龙，顶端圆冠如花含苞，造型俊美；棂星门仅存柱础，须弥座束腰刻花。

过金水桥（图 498~500），方见明孝陵主体建筑群。中轴上孝陵正门称“文武方门”，原有券门五个，重建后易为三门。过文武方门，原孝陵门已毁，原石须弥座上，碑殿为后建，殿内正中立康熙御书“治隆唐宋”碑，左右立乾隆诗碑（图 501、502）。孝陵门后，原孝陵殿亦已不存，仅存露台前后御路踏跺和

图 495 秋光烂漫的明孝陵石象路。

图 496 林木遮蔽下肃穆宁静的明孝陵神道。

云龙纹丹陛石、石雕须弥座和露台四角石雕螭首，露台石面已不存，尚存56只大型柱础（图503~508）。露台上三间小殿，为清末所建。过大石桥，见方城明楼。方城东西两侧立有多折八字形影壁，石须弥座刻云纹，束腰及壁面四角嵌石榴、牡丹、万年青花砖，精工不免琐碎（图509、510）。从方城下隧道之券门拾级而上，登明楼，楼屋顶不存，仅存六座拱门和四壁（图511、512）。明楼后为宝顶。

图497　明孝陵神道石望柱，造型方、圆结合，刚柔相济，亭亭玉立，压地隐起云、龙、山、水，寓意“一统江山”。

图498

图499

图500

图498~500　明孝陵金水桥，石望柱雕云龙纹，桥拱上搁石梁，梁头雕为龙首四只。

图 501　明孝陵碑殿内康熙皇帝御书“治隆唐宋”碑。

图 503　孝陵殿露台前残存石雕丹陛石，雕龙爪握于山水之上，寓意《一统江山》。

图 502　明孝陵碑殿内乾隆诗碑碑座石刻。

图 504　孝陵殿露台残存石雕须弥座与勾阑。

图 506~508　孝陵殿露台石毗卢帽，浮雕云龙花纹各各不同。

图 505　孝陵殿石露台圆雕螭首，肌肉块块膨起，装饰性浓郁又充满力度感。

图 506

图 507

图 508

图 509　明孝陵方城两侧砖雕影壁。

图 510　明孝陵方城两侧影壁须弥座砖雕卷草纹特写。

图 511 明孝陵方城券门与隧道。方城上明楼仅存四壁，明楼后为宝顶。

图 512 明孝陵方城须弥座石雕。

（二）东陵遗址

明孝陵东，存太子朱标东陵遗址，与孝陵共用神道及御河桥，殿基和墙基原样保存，古风盎然（图 513）。

明孝陵遗址和东陵遗址完全忠实于历史遗存，没有被“聪明人”重建孝陵殿或重盖四方城屋顶、明楼屋顶，所以有极高的历史价值和文物价值，所以有历史长期积淀而成的独特美感，所以才令人发思古之幽情。

图 513 明孝陵旁太子朱标之东陵遗址。

（三）阳山碑材

图 515 阳山碑材碑身“穹然城立”，下部仅存支钉与山体相连，令人惘心骇目。

图 514 伟哉先民！双手凿出山是一座碑，碑是一座山。

永乐皇帝为造明孝陵，下令在南京东北郊 25 公里处汤山镇之阳山开凿碑材，碑额、碑座已大体凿成，碑身仅存几处支撑点与山体相连，因体积太大，无法搬运，长眠于南京东北郊，世称“阳山碑材”。其碑身“穹然城立”，长 45 米，连碑额、碑座竖起共约 73 米，相当于 24 层楼高，可谓末世强音。站在碑身石材上，俯看人工凿就的悬崖峭壁，令人惘心骇目（图 514、515）。

近年，阳山开发为明文化村，新建寺庙，多设布景，高收门票，反失自然和历史本来面目，使探幽寻古者望而却步。什么样的寺庙才能匹配阳山碑材的气度？对阳山碑材最好的保护，就是让它在大自然的怀抱中安卧。

（四）明代功臣墓石刻

朱元璋下令，将明朝九位开国功臣葬于钟山之阴，呈环形布置，以守护孝陵并与钟山形成对景。此外，南京尚存未葬于钟山之阴的明朝功臣墓数座。明朝功臣墓周边环境普遍得到治理并加以绿化，有的迁址加以保护，成为南京若干新的景点。明朝功臣墓现存石刻有：

1. 徐达墓石刻

徐达墓，在太平门外板仓198号今马路边，存龟趺石碑和石马、羊、虎、文臣、武将各一对，墓冢在神道尽头。龟趺加碑高7.3米，碑额浮雕精美，朱元璋为其撰写碑文，保存完整，是明代功臣墓碑中最大、最宏伟的一块。石马、石羊一反明陵石兽堆砌臃肿的作风，造型纹饰都简朴自然，石马旁牵马人，人头无存。现为省文物保护单位（图516、517）。

徐达，明代开国功臣，封魏国公，卒后追封中山王。

图516　肃穆苍凉的明徐达墓园内，五对石象生安立于神道两侧。

图517　明徐达墓龟趺碑雕饰精美，碑文为朱元璋亲自撰写。

图 518　明李文忠墓神道石刻。

2. 李文忠墓石刻

李文忠墓，在太平门外蒋王庙 6 号今马路边，存龟趺碑，石望柱、石马及马夫、羊、虎、文臣、武将各一对，是明代功臣墓中现存规模最大、保存最完整的一座。龟趺碑高 8.6 米，碑身阴刻楷书 96 字，一反明代功臣墓碑在神道正中的惯例，偏于神道南侧百余米。石望柱高 3.6 米，须弥座刻云头，柱身刻作八棱形，柱盖刻仰覆莲花，盖顶刻作花蕾形状，造型修长俊美，收放有度，是明墓石望柱中最美的一根。八棱形石望柱从此成为明清陵寝的望柱定式。石马中，一马仅刻出坯形。神道和宝顶之间，有前、后享殿遗迹，前殿 12 个石柱础、后殿 20 个石柱础原样保存。现为省文物保护单位（图 518~520）。

李文忠，明代开国功臣，朱元璋外甥，封曹国公，卒后追封岐阳王。

图 519　明李文忠墓石马仅刻出粗坯。

图 520　明李文忠墓石望柱，修长峻拔，收放有度，在明功臣墓石望柱中，造型最为俊美。

3. 常遇春墓石刻

常遇春墓，在白马公园东侧富贵山隧道北口山坡竹林之中，1981 年重修。今存石华表一根，石马、羊、虎各二只，石翁仲二身。华表如花苞亭亭玉立，挺拔秀丽；石马上披石锦袱，图案华美繁富，为明代石刻图案中之佼佼者。现为省文物保护单位（图 521~523）。

常遇春，明代开国功臣，封开平王。

图 521　明常遇春墓神道石马。

图 522　明常遇春墓石马，锦袱图案华美繁富。

图 523　明常遇春墓神道石刻掩映于密林修篁之中。

4. 仇成墓石刻

仇成墓，原在钟山之阴，存石虎、石羊、石马及石马夫各一对，石翁仲一身，被移入白马公园。现为市文物保护单位。

仇成，明代开国功臣，封皖国公（图524~526）。

图 524~526　明仇成墓神道石刻全景及石羊、石虎特写。

图 524

图 525

图 526

图 527 明吴祯墓残存石龟趺。

5. 吴祯墓石刻

吴祯墓，在太平门外岗子村原南京电影机械厂。现存石虎、石羊、石马、石人各一对，龟趺一块，其上石碑无存，为市文物保护单位。

吴祯，明代开国功臣，封海国公(图527)。

6. 吴良墓石刻

吴良墓，在太平门外岗子村南京电影机械厂内，电影机械厂搬出后，香港地产公司圈地造房，摄影师万般商洽，才得以进入拍照，古石刻前景未卜。现存石虎、石羊、石马、石人各一对，龟趺一块，龟趺上石碑无存。为市文物保护单位。

吴良，明代开国功臣，封江国公(图528)。

图 528 明吴良墓神道石刻。

图 529　明李杰墓神道石刻,在雨花台公园东角竹林深处。

图 530　明李杰墓神道石刻中石马和石马夫。

7. 李杰墓石刻

李杰墓,1985 年从雨花村迁至雨花台公园竹林深处,存龟趺碑一方及石马与牵马人、石羊、石虎各二只,石翁仲二身,牵马人中,一人头已残缺(图 529、530)。现为省文物保护单位。

李杰在徐达麾下战死,追封"镇国将军"。

8. 康茂才墓石刻

康茂才墓,原在安怀村附近,存神道碑及石虎、石羊、石马、石人各一对。今人将其神道石刻移至白马公园。现为市文物保护单位(图 531)。

康茂才,明初水军元帅,封蕲国公。

图 531　明康茂才墓神道石刻。

图 532 明邓愈墓神道石刻。

图 533

图 533、534 明邓愈墓神道石刻中，石马马腿间刻云纹，寓意天马行空；石羊造型简练。

图 534

图 535 明宋晟家族墓神道石刻仅存龟趺碑。

9. 邓愈墓石刻

邓愈墓，在中华门外邓府山，1987 年修纬八路时，南移百余米。今存石龟趺碑一座，石马、羊、虎各二只，石文臣、武将各二身，石马锦袱上所刻神兽较为生动，惜已漫漶(图 532~534)。现为省文物保护单位。邓愈，明代开国功臣，封宁河武顺王。

10. 宋晟家族墓石刻

宋晟家族墓，1960 年迁移于中华门外雨花西路 113 号惠民医院院内，存龟趺碑两通。现为市文物保护单位(图 535)。

宋晟，因戍边有功，永乐三年封西宁侯，永乐五年卒，追封“郓国公”，赐葬南京雷家山即今南京市中华门外能仁里郎宅山西麓。

图 536　浡尼国王墓神道石刻在城南雨花区乌龟山密林中，现为全国文物保护单位。

（五）浡尼国王墓

浡尼国王墓在雨花台区乌龟山南麓，毗邻安德门石子岗公路和地铁二号线宁丹站。墓园借山取势，借林取胜，规模和风光都比明代功臣墓更胜一筹。现存神道石碑、石翁仲四身及石虎、石马及马夫、石羊各二只并宝顶，为全国文物保护单位。浡尼国，即今文莱国。永乐六年，其27岁的年轻国王苏丹二世率队来华，病逝并葬于南京。

乌龟山山势不高，环境清幽，林木蓊郁。墓园入山口新建石牌坊一座。过牌坊，见碑亭内陈列有明代龟趺石碑。蹬道折向，步入林荫遮蔽的神道，明初石翁仲四身及石虎、石马及马夫、石羊各二只布列于神道两旁，均完整而无残缺。过神道，上宝顶，墓穴前有新刻浮雕石碑一方（图 536~538）。陵墓左侧，新建木构中国文莱友好纪念馆，南面池塘，地势平缓而开阔，与山林形成旷与奥的对比。浡尼国王墓园是城南新区历史与自然交汇的难得景观。

图 537　浡尼国王墓碑亭内明代龟趺碑。

图 538　浡尼国王墓宝顶。

图 539　郑和墓园内郑和墓室，作层层浮雕的穆斯林式石椁墓。

（六）郑和墓

郑和墓在江宁谷里乡牛首山南麓，背依牛首山色，与山顶唐塔遥遥相望，1985 年重建为墓园。郑和，永乐时太监，七率船队远航亚、非各国，扩大了明王朝的影响，时称“三保太监下西洋”。

从佛城路渐次上山，满眼是原生态的青翠，渐行渐深，疑入徽州山区，竟不敢相信身在南京。进入墓园以后，山色更佳。磴道旁建有中式合院，为郑和史料陈列馆。磴道口矗立着新建的石牌坊。行十数米，碑亭内立有南京市政府重修墓园碑；山顶置白色大理石墓室，高约 1.5 米，长近 2 米，作穆斯林墓葬样式，层层雕刻莲花卷草云纹（图 539、540）。郑和墓园山色虽佳，建筑则全为新构。

图 540　郑和墓石椁雕刻云纹特写。

图 541　宋王德墓神道石马，神情温顺，马肌肉的质感、马背上布的质感都表现得恰到好处，为明代石马难以望其项背。

（七）其　他

1. 宋王德墓石刻

宋王德墓，在栖霞区燕子矶下庙村伏家桥，为南京仅存具名且存神道石刻的宋墓。今存龟趺一块、石碑一方、石虎一只、石羊一只、石马两只，雕刻简洁圆润，见宋刻风格。现为省文物保护单位。王德，南宋抗金名将，官至检校少保，谥威定王（图541~543）。

图 542　宋墓神道石羊比例匀称、雕刻简洁圆润，但气力贫弱。

图 543　宋王德墓神道石刻淹没在荒草乱林之中。

2. 明王以旂墓石刻

明王以旂墓，在中华门外祖堂山西麓王家坟，存神道石翁仲两身、石马两只。现为市文物保护单位。墓园蓬蒿没面，杂树丛生，人迹罕至，摄影师钻入没面蓬蒿中，才拍摄下珍贵的历史遗存（图 544、545）。

图 545　摄影师在没面蓬蒿中寻找王以旂墓。

图 544　王以旂墓神道石刻全景。

十、戏　台

明清戏台多附设于寺庙、祠堂或会馆建筑群后。南京现存于寺庙、祠堂或会馆内的戏台，本书各节已分别叙述；这里单列一节，补记主建筑已毁而犹存于世的古戏台。南京古戏台造型均仿徽州戏台的五凤楼样式：重檐歇山顶，屋顶左右翘角如凤凰展翅，左右两重飞檐如四凤展翅，故称“五凤楼”。

（一）沧溪戏台

沧溪戏台在高淳沧溪镇东，始建于清康熙年间，为三元观的附属建筑，同治三年、1947 年几度重建，现观毁而戏台尚存。台前有宽阔的广场，可供乡民看戏，占地总面积 2800 平方米。现为省文物保护单位。

戏台面阔三间，上下两层，台面呈凸字形，明间为台面，左右次间为子台（图 546）。台明间进深九檩，檐柱与屋面间设斜撑四根，雕刻人物故事。镂雕太师壁作为前后台的空间分割。太师壁正中，正方开光内绘《二龙戏珠》图案；太师壁左右，拱门通往后台。前台内顶正中绘八卦藻井，周围八幅开光内，绘《踏雪访友》、《羲之爱鹅》等历史故事；明间与次间柱间设镂雕花鸟挂落式飞罩，使台面与子台虽隔犹通，子台侧面、正面壁上圆形开光内，分别绘《丹凤朝阳》、《腾蛟起舞》等图案（图 547~550）。整个建筑雕绘满眼，色彩俚俗，对比强烈。

图 546　沧溪高淳戏台始建于康熙年间，结构全仿徽式。现为省文物保护单位。

图 547　沧溪戏台屋檐下斜撑，分段雕刻人物故事，屋檐下花板镂雕又加彩绘，梁枋、雀替雕绘满眼。

图 548　沧溪戏台主立面设镂雕太师壁，正方开光内，绘《二龙戏珠》图案。

图 549　沧溪戏台明间与次间柱间饰镂雕飞罩，子台板壁圆形开光内，绘《丹凤朝阳》图案。

图 550　沧溪戏台子台板壁《丹凤朝阳》图案为今人作品，空赋其形，而无流转生动之气韵。

(二)东坝戏台

东坝戏台在高淳县东坝镇胥河北岸,原为明东岳庙前进,乾隆间改建为戏台,屡建屡焚,1917年重建,台前设广场,占地总面积1 600平方米。现为省文物保护单位(图551)。

戏台重檐歇山顶正脊砖雕花草纹,两端饰砖雕龙吻(图552)。檐口设六朵花栱,花栱前设镂雕三雾云。台口装饰极为花俏:阑额、雀替既雕又绘,檐柱、金柱斜撑雕仙人、倒挂狮、鳌鱼等,角梁雕刻为极有生命力的雏凤展翅。上层明间设前后两室,次间为子台。前台内顶正中设三层八角形藻井,井底彩绘双龙,井口开光内彩绘山水,太师壁正中彩绘《鹤鹿寿星图》,深枋交搭处悬六角形花篮,刻牡丹、荷花、菊花、梅花等花卉,精美之至。底层供演员休息,格扇门裙板雕夔龙图案。后门供演员出入(图553~559)。

图552 东坝戏台正脊新饰砖雕龙鱼吻,雕刻已欠圆浑,鱼尾腾卷尚见有力。

图551 明始建、清改建、1917年重建的高淳东坝戏台,为省文物保护单位。

图 553　东坝戏台台口阑额、雀替、太师壁雕绘满眼，极富装饰意味。

图 554　东坝戏台正脊砖雕花草，檐口设六朵花栱，花栱前设镂雕三雾云，阑额开光内绘人物故事。

图 555　东坝戏台梁枋交搭处悬木雕花篮式垂花柱。

图 556

图 557

图 558

图 559

图 556~559　东坝戏台斜撑雕倒挂狮、仙人、观音等，角梁头雕刻作腾翅欲飞的凤凰，使刚性建筑充满了勃发的生命力和柔和的人情味。

图 560　高淳万寿台戏台乾隆十四年重建，今人重修。

图 561　万寿台戏台每攒斗栱前设一对镂雕枫栱，阑额雕刻人物故事并加金漆彩绘。

（三）万寿台戏台

万寿台戏台在高淳县固城乡刘家垅村，始建于元延祐六年，为祠山殿的附属建筑，乾隆十四年（1749 年）重建戏台于庙前，今人重修。

戏台歇山顶，檐角高翘，台面呈凸字形，两侧封闭，不设子台，下层中间设格扇门，供演员出入，型制较高淳前两戏台简单，规模亦较前两戏台为小。檐口设一排斗栱，每攒斗栱左右设一对圆形镂雕枫栱。台口装饰简朴：阑额正中开光内雕刻作戏文故事并髹金，太师壁正中彩绘《福禄寿三星图》，斜撑雕刻作展翅欲飞的凤凰，论雕工，则比东坝戏台明显不逮（图 560~562）。

图 562　万寿戏台斜撑雕为凤凰展翅，比较东坝戏台角梁头上的木雕凤凰，圆浑生动均见不逮。

十一、其　他

钟楼、鼓楼是我国古代城市的标志性建筑，往往建于城市中心。桥梁则是古代重要的公共建筑，有砖，有石，或砖石混砌，石构件上常见雕刻。本书仅对有石雕构件的古桥梁予以记录。

南京市有关部门将南京散在各处的历史石刻搜集起来，新建了两个石刻园。这两个石刻园，还不能说是真正意义的园林，故未归入“园林”一节，而将两园旧石刻与南京其他地方散在的历史石刻并入一节，加以叙述。

图 564　鼓楼内藏康熙年间所立“戒碑”。

（一）鼓　楼

鼓楼在今鼓楼广场西侧，明洪武十五年（1382 年）砌筑，清同治间加建碑殿，民国和现代重修。现为省文物保护单位。

城台高 8.9 米，墙体向内收分，下层南北向三个拱形通道并列，形如城楼，庄严巍峨。城台内设东西向拱形通道，与南北向通道通连。清代加建重檐歇山顶碑殿，形制缩小，与城台不称。屋檐下 24 根廊柱间饰雕花雀替。楼内陈列有康熙南巡圣谕碑，作龟趺式样，碑高 2.4 米，记载康熙南巡事迹，民间称其“戒碑”（图 563、564）。

图 563　鼓楼已为南京人耳熟能详，本书不赘笔墨。

（二）大钟亭

鼓楼岗西钟楼，初建于洪武十五年，康熙间倒塌。现存大钟亭，初建于康熙，光绪十五年重建，与鼓楼隔岗相望。亭重檐，六角攒尖顶，高 14.5 米。亭内挂洪武二十一年铸铜钟，重 46000 余斤。现为省文物保护单位（图 565）。

图 565　今人于大钟亭楼上四面加饰金属时钟，楼下花窗粉以白垩，金色与白色跳出建筑整体色调之外，破坏了建筑整体的和谐美。

（三）古石桥

1. 上坊桥

上坊桥在今光华门外红花街道七桥村秦淮河上，建于明初，为七孔石拱桥，又名“七桥瓮”。1982 年列为省文物保护单位。

桥身以糯米浆、桐油砌筑 242 块条状花岗岩而成，中孔券上刻有“上坊桥”3 字及“清顺治六年（1649 年）重修”字样。拱券净跨度在 7 ～ 12 米之间。桥身两侧石榫雕刻作螭首造型，共 30 只。桥墩两侧分水石呈梭形，刻为人面怪兽六只，见民间石刻的古拙风貌（图 566、567）。

图 567　明上坊桥分水石刻为人面怪兽。

图 566　明建、清修的上坊桥，为省文物保护单位。桥身有螭首形石榫共 30 只。

图 568　明建、清与民国大修的溧水浦塘桥，为市文物保护单位。

2. 浦塘桥

浦塘桥在溧水区浦塘镇南浦塘河上，为九孔石拱桥，长 91.3 米，宽 5.7 米，中拱大而向两端渐小，初建于明正德间，清乾隆时与民国间曾经大修。现为市文物保护单位。

桥栏板间 72 根石柱，柱顶雕刻有房子、亭子、狮子、瓜果、文字、符号等等，无一雷同，其质朴、粗犷、雄浑奔放、元气淋漓，直通汉代石雕之魂，是民间工匠率意而为的杰作（图 568—571）。

图 569~571　浦塘桥栏杆石柱刻为石榴、仙桃、寿字、房屋，各各不同。

图 569

图 570

图 571

图 572　长乐桥桥面布满自宋以来千年历史滚滚而过的车辙，残存石栏上，石雕已经风化。现为省文物保护单位。

图 573　长乐桥桥身石榫雕刻作 12 只镇水兽。

图 574　长乐桥畔明重修桥梁石碑碑座之残龟趺。

3. 长乐桥

长乐桥在溧水县群力乡家边村西南、秦淮河源头支流的二干河上，距县城约 13 公里。桥始建于宋代，至今已经有约千年历史，明人刘济、刘政出资重修并在桥头树碑。它是南京现存最为古老的古桥，为省级文物保护单位（图 572）。

桥长 36 米、宽 3.7 米，为 3 孔石拱桥，大块红条石层层垒叠，分级并列，不用一根横梁。桥面青石板上布满了车马往来的车辙。桥上仅存石柱，石栏板无存。桥身两侧石榫雕刻作镇水兽共 12 只。桥墩两侧分水石尖刻为分水兽，已残，2004 年维修桥梁，于淤泥中挖出一只。桥畔明重修桥梁石碑，仅存龟趺碑座（图 573、574）。

（四）散见建筑木雕

南京博物院将散见古建筑木雕或列入收藏，或嵌入新建筑，格扇门雕山水，章法之美、雕工之精，均不多见；花窗圆开光内所雕脚踏风火轮的哪吒，精工生动（图 575~581）。

图 575~581　南京博物院内散见建筑木雕。

图 575

图 576

图 577

图 578

图 579

图 580

图 581

（五）散见建筑砖雕

南京博物院院墙上嵌有砖雕多块，如《孔融让梨》、《马跃檀溪》、《杞桥进履》、《红鬃烈马》、《计收陆文龙》、《浣纱记访施》、《水浒传借茶》、《渔家乐》、《倒铜旗》等，雕刻细致，有一定功力（图 582~590）。

图 582~590　南京博物院院墙所嵌各式砖雕。

图 582

图 583

图 584

图 585

图 586

图 587

图 588

图 589

图 590

（六）散见建筑石雕

1. 白马公园内旧刻

上世纪末，南京市有关部门于钟山脚下新建白马公园，集中存放南京散在各处的历史石刻。建园依据为南京地区历史传说：东汉末年，秣陵尉蒋子文曾乘白马，执白羽于钟山脚下，孙权为立庙堂，改钟山为蒋山，六朝均视蒋子文为都城建康的保护神，先后追封其为大将军、钟山王等，南唐又追谥其为庄武帝。今南京尚存“蒋王庙”地名。

图 591　白马公园内南朝石赑屃。

图 592　白马公园内宋代石龟趺。

园中较重要的旧刻有：南朝石赑屃两件，原见于雨花区铁心桥乡马家店附近田野中（图 591）。宋代神道石刻，原见于雨花台区铁心桥乡马家店，有石龟趺、石虎、石羊、石文官、石武将等（图 592~596），其中石羊，双腿蜷于身下，双角向后下卷，双耳紧贴角根，尾巴夹于腿间：收敛一切伸出躯体外的部分，成含蓄圆润的整体造型，突出地显现了宋刻特点。明初石刻门，原发现于明故宫武英殿遗址以北，或说为皇宫内"冷宫"建筑构件，或说为皇宫假山下券洞构件（图 597）。明神乐观"澧泉碑"，原见于天坛新村江苏冶金机械厂内（图 598）。公园内还有明代石羊（图 599）和清代两柱一间式石牌坊，造型简洁，额坊和石鼓上的雕刻甚为精细（图 600~603）。公园内康茂才墓，见"明代功臣墓"一节。许多古代建筑石雕构件集中嵌于地面（图 604~621）。白马公园内还有今人仿古的新刻，需要仔细辨别。

图 593　白马公园内宋代神道石马。

图 594　白马公园内宋代神道石羊。

图 595　白马公园内宋代神道石虎。

图 596　白马公园内宋代神道石翁仲。

图 597　白马公园搜集的明初皇宫内石刻。

图 598　白马公园内明神乐观澧泉碑。

图 599　白马公园内明初石羊,造型圆润,腿、足则蜷曲乏力。

图600　白马公园内清代单间双柱石牌坊。

图601　白马公园内清石牌坊阑额，用压地隐起法雕二龙戏珠图案，繁富华美，又不破坏石材的平面感。

图602、603　清石牌坊抱鼓，雕麒麟祥云图案，置于刻有石雕锦袱的须弥座上。

图602

图603

图 604　白马公园内旧石刻，以压地隐起法刻麒麟祥云图案。

图 606　白马公园内旧石刻，以花瓶和荷花、荷叶构成《平安和合》吉祥图。

图 605　白马公园内旧石刻，以压地隐起法刻持剑武士。

图 607~614　白马公园内旧石刻。

图 607

图 608

图 609

图 610

图 611

图 612

图 613

图 614

图 615~621　白马公园内旧石刻，以《云龙海水图》为气韵生动，《牡丹对鸟图》图案见外来影响，雕刻工细却见孱弱。

图 615

图 616

图 617

图 618

图 619

图 620

图 621

图 622　邓府山石刻园内原尹西村周金墓神道石龟趺。

图 624　邓府山石刻园内原大定坊村神道石马。

2. 邓府山石刻园内旧刻

随中华门外邓府山邓愈墓园的修复，南京市政府又将南京散见的古代建筑石雕集中于邓府山石刻园。园内旧石刻主要有：

明周瑄墓石牌坊，原在雨花台区西善桥油坊村周瑄墓前，枋柱间有雀替，造型简洁。周瑄，明成化年间南京刑部尚书。

周金墓石刻，原在雨花台区铁心桥尹西村碑亭山，存石雕双龙碑额及石龟趺底座(图 622、623)。

明失考墓神道石刻，原在雨花台铁心桥大定坊村，存石马、石羊各二只，石虎一只，石羊比例协调，为明墓石羊上品，石马鞍细部雕双狮、天马等图案，惜已漫漶(图 624、625)。

画像石若干，刻凿甚浅，视觉效果漫漶。

图 625　邓府山石刻园内原大定坊村石羊，比例谐调，性情温顺，继承了宋刻作风，是明代神道石羊中难得的上品。

图 623　邓府山石刻园内原尹西村石雕双龙碑额。

3. 拴马桩

拴马桩是古代建筑门前屋后拴系马缰绳的石柱。南京博物馆庭院、明太祖孝陵下马坊遗址公园内，陈列有许多民间收集来的拴马桩。与皇家建筑石刻的缜密细致不同，拴马桩是地地道道的民间艺术。工匠们即性举凿，激情喷发，雕凿出猴子、童子、狮子等各种形象，猴子憨顽，童子活泼，狮子千姿百态，莫不是世态人情的表现，从中折射出古代工匠的烂漫情怀和创造愉悦，使跨时空的欣赏者相逢莞尔，忍俊不禁（图 626~630）。

图 626　下马坊公园内陈列有民间搜集得来的拴马桩，狮子表情憨玩，分明是工匠天性的流露。

图 627

图 628

图 629

图 630

图 627~630　南京博物馆陈列有民间搜集得来的拴马桩，有的雕作人像，有的雕作猴、狮，妙趣横生。

结 语

南京古建筑的保护

早在元代，南京就以“秀丽和雄伟”得到了外邦人士高度评价，利玛窦在他的游记中介绍说，“南京这座城市超过世上所有其他的城市……它真的到处都是殿、庙、塔、桥……有广阔的园林、山和树林，相间着湖泊”①。明清，南京城市建设空前发展，雄伟的城墙内，金碧辉煌的宫殿、栉比鳞次的庙宇与砖墙黛瓦的民居相映衬，显示出既雄浑大气又典雅精致的南都风韵。可惜太平军入城、湘军破城以及抗战、内战，使南京明清建筑迭遭破坏；近数十年来，拓路、拆桥、毁屋等建设性拆毁，特别是近十余年房地产商的过量开发，更给南京明清建筑带来毁灭性灾难。

今日南京老城中，民国建筑文脉清晰，明清街坊则已经支离破碎，明清建筑只剩下吉光片羽。城南古民居中，甘熙住宅、长乐路秦大士故居等“九十九间半”大型宅屋已经得到修复；殷高巷刘芝田住宅、三条营蒋寿山住宅有修复价值和可能；钓鱼台、大百花巷街坊原貌尚存，可将街巷生态保护与吴家账房、程先甲故居等的修复同步；高岗里魏家骅住宅等，修复难度较大。河房中，糖坊廊61号、钞库街李香君故居已经得到治理；钓鱼台196号河房木雕水平极高，没有保护措施；钓鱼台192号河房又兼河亭，宅内仍在拆建；上、下浮桥局部河街尚存原生态，似应列入保护。市郊各区有现存完整的古街坊、古民居，江宁区龙都乡杨柳村古建筑群、淳溪老街等已为人知，田野调查中又发现孙家边、潘家祠堂等古建筑，似应予以重视。

如何保护古建筑？众说纷纭，见仁见智。笔者以为，遵循八字原则：“尊重历史”，“尊重自然”，必不致酿成大错。

尊重历史。古建筑原构和古建筑三雕，是工匠在农业社会舒缓

①［意大利］利玛窦著，何高济等译：《利玛窦中国札记》，中华书局，1983年版。

节奏下，用心灵、岁月和悟性创造的艺术。古代的工匠们，曾经那样耐心地，一刮一刷地修整每一条砖缝，一锤一凿地雕刻每一块砖石，房子上有他们的情感甚至生命。所以，古建筑原构和古建筑三雕中，有历史缓慢而沉重的诉说，能勾起人们对历史的无限追忆，能给人人情的温暖和心灵的慰藉。一旦粉墙雪白，油漆簇新，古建筑中蕴藏着的情感、精神、韵味也便消遁一净。何况，风雨侵饰、斑驳陈旧的古建筑原构和古建筑三雕，有岁月流逝、时光凝聚而成的独特美；仿古建筑则多为信息社会如飞节奏下的突击产物，墙壁往往不再风情万种，而变得冷漠刻板；线脚往往不再流转生动，而变得毛糙生硬；前人积累的种种使线面柔和富有人情味的手段，如叠涩、束腰、托浑、捣棱……被统统减化，减化为刻板无情的刚性块面。必须认识，现代人不复有农业社会的宁静心态，难以在古建筑营构和雕饰方面超越古人，理应对古代建筑倍加珍惜。抢救和保护古建筑原构和古建筑三雕的最佳办法，是尽量保持原构，谨慎砖瓦下地，“真实、全面地保存并延续其历史信息及全部价值”[②]。修复的部分越多，历史信息就丢失越多，古建筑价值就越小。一旦砖瓦下地、全新构件，就只能是“仿古建筑”、而不是“古建筑”。愿决策者少赶“面子”工程，少突击急就章；愿工程承担者少从赢利出发，能多留下一面墙就多留下一面墙，能多留下一架梁就多留下一架梁吧。

建筑古迹周边的整治和开发，重点应在绿化、排污而绝不是装扮。要绿化绿化再绿化，满眼绿，层层绿，绿得宜人，绿得可人，绿得逼人，不厌其绿。切切不要自作多情，画蛇添足，用低廉的人工材料营造商业氛围，将历史打扮得不再是历史，将自然乔装得不再是自然。自以为在搞开发，其实是在搞破坏；自以为能招徕游客，恰恰骚扰和破坏了古建筑，降低了古建筑的文化格调，使文化素质提高了的市民恨之、避之犹恐不及。

保护古建筑，其意义不在旅游，而在古建筑原构和古建筑三雕保存了当时当代人们的精神密码，保存了大量民族的、历史的、地域的文化信息。它使我们了解城市的历史，了解城市先民的生活方式和生活智慧，了解先民的哲学观念、伦理准则和心理模式。我们在研究历史、欣赏古建筑及其三雕的同时，得到城市发展的启迪和诗意生活的启迪，从而提升现代生活。城市变靓，首先是为市民活得舒心，旅游客源和投资项目均由城市变靓和市民舒心派生而出。这才是我们保护古建筑原构和古建筑三雕、研究并且学习传统的目的。

德国美学家海德格尔在《追忆》一文中，引用荷尔德林诗句，提出了“诗意地栖居”的美学命题；在《筑、居、思》一文中，又提出了“拯救大地”的名言。大地需要回归本己，休养生息，自然生态良性循环，

---

②国际古迹遗址理事会中国国家委员会：《中国文物古迹保护准则》第二条，中国文物网下载。

人与自然和谐共享。“诗意地栖居”就是“拯救大地”，只有“拯救大地”，才能“诗意地栖居”。城市不仅应该是“功能”性的，居所不仅应该供人遮风避雨，晨起夜伏，盥洗沐浴，还应该是文化的，亲近自然，远离噪音污染、粉尘污染、光污染，体现出对人性的关怀；再进一步，如果城市和居所能够体现出个性的温馨，凸现出民族感、历史感、地域感，城市和居所才真正地具备了“文化”的品质。

当今世界，城市规划的趋势是从“功能城市”向“文化城市”转变。欧洲人不是圈地出售高额门票，让古建筑退出生活成为古董，而是以平常心对待古建筑，集镇和民居不是架上的古董，而是有“民”在“居”，百姓在正常生活。保护古建筑成为全民共识。罗马万神殿、德国科隆大教堂等世界文化遗产，百姓可以随意进出，信徒仍然在里面做弥撒，万神殿甚至在120～124年复建的完整建筑外面，保留前79年原神殿的残墙断壁；莱茵河谷的古堡售给民间，自有严格甚至严厉的法律、法令监督其修复而不允许其装扮。城市文脉流淌在城市活体的生命之中，城市才能够吐故纳新，生生不息。欧洲对古建筑周围的自然环境，更是精心保护，所谓景观，首先是净化了自然，绝不是画蛇添足的装扮。保护城市文脉，欧洲经验值得学习。

画家陈丹青曾经不无心痛地喟叹，江南水乡“剩下的只是碎片、残骸、像动物园一样保护起来的空间”[③]。历史的失误不可挽回，能保护起一块总比拆光了好，能保护真遗产比造假拆真更好。千万不要让历史再遭劫难！千万不要在老城哗啦啦一拆大片！“拆”字横行，一“拆”省事，多建快砌，刷新业绩，其结局必然是千城一面，空前的建设浪潮带来的，是城市文脉断绝，空关、无用、浪费、天价……倍级攀升，城市成为无“根”的城市，居民成为无“根”的居民。一旦居民从情感上、心理上，直把故乡当他乡，对自己居住的城市产生疏离感而不是家园感、家乡感，城市的可持续发展也就成为一纸空言。

大家都来关心城市吧。对城市负责！为了我们的城市！挖掘并且强化历史造就的城市个性，使我们的城市更具有对原住居民的亲和力，更具有对八方宾朋的吸引力；使我们的城市赢来新的、更为广阔的发展空间！

③ 陈丹青：《退步集》，广西师范大学出版社2005年版，第276页。

参考文献

1. 梁思成:《清式营造则例》,北京:中国建筑工业出版社,1981年版。
2. 梁思成:《〈营造法式〉注释》,北京:中国建筑工业出版社,1983年版。
3. 姚承祖:《营造法原》,北京:中国建筑工业出版社,1986年版。
4. 罗哲文:《中国古代建筑》,上海:上海古籍出版社,1990年版。
5. 刘致平:《中国建筑类型及结构》,北京:中国建筑工业出版社,1987年版。
6. 刘大可:《中国古建筑瓦石营法》,北京:中国建筑工业出版社,1993年版。
7. 杜仙洲:《中国古建筑修缮技术》,北京:中国建筑工业出版社,1983年版。
8. 李允鉌:《华夏意匠》,香港:广角镜出版社,1982年版。
9. 王绍周总主编:《中国民族建筑》,南京:江苏科技出版社,1998年版。
10. 王其钧等:《中国古建筑大系》,北京:中国建筑工业出版社,2004年版。
11. 陈从周:《梓室余墨》,北京:三联书店,1999年版。
12. 陈从周:《说园》,上海:同济大学出版社,1984年版。
13. 童寯:《江南园林志》,北京:中国建筑工业出版社,1963年版。
14. 陈从周主编:《中国厅堂·江南篇》,上海:上海书报出版社,1998年版。
15. 潘谷西主编:《江南理景艺术》,南京:东南大学出版社,2001年版。
16. 长北(张燕)主编:《江南建筑雕饰艺术·徽州卷》,南京:东南大学出版社,2005年版。

17. 樊树志:《明清江南市镇探微》,上海:复旦大学出版社,1990年版。
18.[宋]张敦颐:《六朝事迹编类》,南京:南京出版社,1989年版。
19.[清]甘熙:《白下琐言》,东南大学建筑系古籍资料室藏清刻本。
20.[清]陈作霖:《金陵琐志》,东南大学建筑系古籍资料室藏清刻本。
21.[民国]朱偰《金陵古迹图考》,东南大学建筑系古籍资料室藏近代刻本。
22. 南京市地方志编委会:《首都志》,1985年据正中书局1937年初版翻印。
23. 南京市地方志编委会:《南京简志》,南京:江苏古籍出版社,1986年版。
24. 南京市地方志编委会:《南京建置志》,深圳:海天出版社,1994年版。
25. 南京市文物事业管理委员会:《南京文物工作》(1984—1991),苏宁出准字1992年。
26. 蒋赞初:《南京史话》,南京:江苏人民出版社,1980年版。
27. 南京文物局编:《南京文物精华·建筑篇》,上海:上海人民美术出版社,2000年版。
28. 卢海鸣:《六朝都城》,南京:南京出版社,2002年版。
29. 卢海鸣编:《南京明清建筑》,南京:南京大学出版社,2001年版。
30. 潘谷西主编:《南京的建筑》,南京:南京出版社,1995年版。
31. 张燕主编:《南京民国建筑艺术》,南京:江苏科技出版社,2000年版。
32. 张燕、王虹军:《扬州建筑雕饰艺术》,南京:东南大学出版社,2001年版。

后　记

关于南京,写家已属不少。2001年,卢海鸣先生大著《南京明清建筑》由南京大学出版社出版,资料详备,洋洋大观,足为研究南京古代建筑和历史之必备。《江南建筑雕饰艺术·南京卷》出,还是不出?我边调研边思考,最终决定:人取我弃,人弃我取,人详我略,人略我详,编写出一本不同于以往任何出版物、以艺术鉴赏分析和批评为特色的南京现存古建筑田野调查详细实录。海鸣兄《南京明清建筑》书名虽冠"明清",其实从桥梁、陵寝、城垣、石窟、水闸等各个方面,全方位地囊括了南京有史以来所有地上、地下的建筑遗迹;拙编《南京卷》书名未冠"明清",关注的焦点却正在明清建筑特别是明清民用建筑。海鸣兄大编立足于史料搜寻,举凡人物事迹、典章制度莫不力求其详,并多收历史图片;拙编《南京卷》则为21世纪初的南京古建筑生存状况存照。也就是说,《南京卷》意在捕捉并记录存活于当今而不是见载于历史的古代南京蛛丝马迹。六朝陵墓石刻与南唐二陵已有极为详尽的专著面世,本书不再罗列;民国建筑已有拙著在此之前出版,本书不再重复;地下建筑遗迹已出笔者编写宗旨之外,本书一概割爱;现代建筑雕饰如雨花台烈士陵园建筑雕饰、长江大桥桥头堡雕塑、侵华日军南京大屠杀遇难同胞纪念馆院墙浮雕、梅园新村纪念馆雕塑、渡江胜利纪念碑以及卡子门广场城雕等,十分杰出,限于篇幅,本书只能割爱。故本书实应定名为《南京明清建筑及其雕饰》。沿用现名,是为各卷统一。南京现存古代建筑多经过一代一代后人修缮。本书对原汁原味的明清建筑和明清修缮的前代建筑,记录不厌其详;对今人复原重建的"古"建筑,记其大略;对史无其物、今人新建的仿古建筑,不予选入。

我与海鸣兄2001年在全省文化工作会议上认识,拙编《南京民国建筑艺术》出版次年,其大编《南京民国建筑》出版。我们关注点相切而视角不同，各自在公开场合多次肯定对方之书的长处，从无文人间的相互攻讦。海鸣兄更以大著《六朝都城》赠我，读后深感考证详备，推论严密，后生可畏，前途无量。现在，拙编《江南建筑雕饰艺术·南京卷》又在他《南京明清建筑》之后出版。先先后后，寻常事也，重要的是我们都在抓紧有限人生，为社会做些实事，我们间建立于共同道义上的互相尊重、互相激励，仍然会持续下去。

自上世纪八十年代相继开展扬州古建筑、南京民国建筑并江苏各名城古建筑、徽州古建筑的田野调查以来，奔波劳顿，体力大为滑坡。聊可欣慰者，一本本田野调查图册，以迥异的面目区别于大而化之的全景实录和零散图片的拼凑辑录。它忠实记录了雕饰“活”在建筑什么空间、什么方位、什么构件，记录了古建筑和复原建筑的空间布局和生态环境，全面展示出古建筑存活于当今的文化生态。本次对南京古建筑的调查和写作，原则是：搜罗力求其全：“活要见人，死要见尸”，凡是文献和文化部门记载尚存的古代建筑，“活”着的要写出它目前是何状态，“死”了的要写出它目前又是何方土地；挖掘力求其深：从外到里，从全景到局部，既记其实——雕饰工艺，亦记其虚——空间环境。它要求作者走街串巷，走家串户，一处一处地寻访，一间一间房屋地理清，一个角落一个角落地搜寻，一张照片一张照片地穷追明白。每有脚拖到不再是脚，却了无所得或所得甚微。其战线之长，其费脚力、眼力和心力之巨，难矣夫！难矣夫！将田野调查所得化为从文化背景到艺术特色到具体工艺的理论提升，案头文献的钻研同样不可或缺。我对自己民间工艺田野调查走过的漫漫长路常常后怕，甚至因肆意虐待身体所付出的代价而不无后悔；而我的同道和朋友——摄影家徐振欧先生，精力财力的投入无可计算，夫人也心甘情愿地参与常无所得的田野搜索。我们走到一起，都以“把事情做好”为享受，不沾滞于个人的得失。有了这样一位同“志”加朋友，我才能够不计寒暑，以双脚、马自达和他摩托车的后座到私车为交通工具展开调查，于上万幅图片中筛选，“指”耕并整理出又一本田野调查实录。

由于种种原因，《江南建筑雕饰艺术》丛书的出版已被割裂，除2005年出版拙编《江南建筑雕饰艺术·徽州卷》外，2000年出版的《南京民国建筑艺术》、2001年出版的《扬州建筑雕饰艺术》也应纳入《江南建筑雕饰艺术》丛书范围之内。笔者年奔古稀，下余各卷的田野调查，实难事必躬亲，尚祈允诺承担分卷的各位努力。

我对古建筑及其雕饰艺术的关注，出于探幽寻古的爱好，更出于研究民间工艺的专业习惯和保护传统文化的责任感。我们作此极耗体力的田野调查，目的是想抢在拆房之先，为江南逐市留下尽可能详备的古建筑及其雕饰资料，聊补官方调查之未备；同时以艺术史论家的眼光，把专业知识转化为大众审美需求，帮助民众理解、把握自身城市的文脉，唤起民众传承传统文化、保护城市文脉的自觉意识，方便爱好传统、研究传统的读者实地寻访，了解江苏乃至江南。书中对古建筑修复有褒扬亦有批评，言出公心，不知也不问其后人事背景。切望古建筑修复领导、职能部门与当事人，以雅量重视接纳美学家、艺术史论家们的审美评论，理解他们出于社会良知和责任的良苦用心。各卷遗珠和错误之处，尚祈各地方家和旧家补正。

本丛书的立项，得到东南大学出版社、东南大学艺术学院、南京市文联等的支持；围绕本书的调研，得到江苏省民进宣教处处长云建先生、省文化厅非物质文化遗产保护处处长冯锦文先生、省文化厅文物处处长盛志伟先生、南京市文化局宣教处处长于江先生、市文化局文博处处长吴会泽女士、南京市秦淮区文化局长高安宁先生、江宁区文化局长刘道成先生等的大力协助：谨致谢忱。

长北　2008 年冬日于东南大学翠屏东南寓所